"十三五"职业教育国家规划教材

Kebiancheng
Kongzhiqi Jishu

可编程控制器技术

（第二版）

主　编　何　琼

副主编　盖超会

　　　　陈　帆

主　审　方红彬

新形态
教材

高等教育出版社·北京

内容提要

本书是"十三五"职业教育国家规划教材,根据教育部最新发布的《高等职业学校专业教学标准》中对本课程的要求,并参照最新颁发的相关国家标准和职业技能等级考核标准修订而成。

本书选用三菱公司 FX3U 系列 PLC 作为载体,选取了 PLC 技术应用基础、入门和提高三个项目,每个项目又分为若干个任务,将 PLC 技术应用所需要的基本知识和基本技能穿插在各个任务完成的过程中,由学生熟悉的电动机控制入手到自动生产线应用项目,由浅入深、循序渐进,强化学生职业素养养成和专业技能的培养。

为方便教学,本书配套有 PPT 教学课件、视频、动画、图片等教学资源,其中,部分资源以二维码形式在书中呈现,其他资源可以通过封底的联系方式获取。

本书可作为高等职业院校智能控制技术、电气自动化技术及机电一体化技术等专业相关课程的教材,也可作为工程技术人员的培训教材及应用参考书。

图书在版编目(CIP)数据

可编程控制器技术 /何琼主编. —2 版. —北京：
高等教育出版社,2019.11(2023.1 重印)
ISBN 978 - 7 - 04 - 053123 - 7

Ⅰ.①可… Ⅱ.①何… Ⅲ.①可编程序控制器-高等
职业教育-教材 Ⅳ.①TP332.3

中国版本图书馆 CIP 数据核字(2019)第 274083 号

| 策划编辑 | 张尕琳 | **责任编辑** | 张尕琳 谢永铭 | **封面设计** | 张文豪 | **责任印制** | 高忠富 |

出版发行	高等教育出版社	**网　　址**	http://www.hep.edu.cn
社　　址	北京市西城区德外大街 4 号		http://www.hep.com.cn
邮政编码	100120	**网上订购**	http://www.hepmall.com.cn
印　　刷	上海当纳利印刷有限公司		http://www.hepmall.com
开　　本	787mm×1092mm　1/16		http://www.hepmall.cn
印　　张	16.5	**版　　次**	2014 年 7 月第 1 版
			2019 年 11 月第 2 版
字　　数	351 千字		
购书热线	010-58581118	**印　　次**	2023 年 1 月第 2 次印刷
咨询电话	400-810-0598	**定　　价**	36.00 元

本书如有缺页、倒页、脱页等质量问题,请到所购图书销售部门联系调换

配套学习资源及教学服务指南

 二维码链接资源

本书配套微视频、动画、扩展知识等学习资源，在书中以二维码链接形式呈现。手机扫描书中的二维码进行查看，随时随地获取学习内容，享受学习新体验。

打开书中附有二维码的页面　　　　**扫描二维码**　　　　**查看相应资源**

 在线自测

本书提供在线交互自测，在书中以二维码链接形式呈现。手机扫描书中对应的二维码即可进行自测，根据提示选填答案，完成自测确认提交后即可获得参考答案。自测可以重复进行。

打开书中附有二维码的页面　　　　**扫描二维码开始答题**　　　　**提交后查看自测结果**

 教师教学资源索取

本书配有课程相关的教学资源，例如，教学课件、应用案例等。选用教材的教师，可扫描以下二维码，关注微信公众号"高职智能制造教学研究"，点击"教学服务"中的"资源下载"，或电脑端访问地址（101.35.126.6），注册认证后下载相关资源。

★如您有任何问题，可加入工科类教学研究中心QQ群：243777153。

本书二维码资源列表

本书是根据教育部最新发布的《高等职业学校专业教学标准》中对本课程的要求,并参照最新颁发的相关国家标准和职业技能等级考核标准修订而成的。

可编程控制器(PLC)是微电子技术、继电器控制技术和计算机通信技术相结合的新型通用自动控制装置。PLC具有体积小、功能强、可靠性高、使用便利、易于编程控制、适用于工业环境等一系列优点,服务于先进制造业,推动制造业高端化、智能化发展,在建设现代化产业体系,加快建设制造强国中发挥着十分重要的作用。

"可编程控制器技术"为智能控制技术、电气自动化技术及机电一体化技术专业的核心课程。随着高职院校教学改革与专业建设的推进,许多高职院校除拥有PLC独立实训装置外,同时也拥有如智能电梯、自动生产线等综合性的自动化实训设备,这些实训设备为PLC应用教学提供了工程实际操作的真实环境。本书是编者调研了解了部分高职院校本课程的开设情况,并深入到企业一线,与生产PLC教仪的企业进行沟通,结合了相关国家职业技能标准,集一线教师、企业技术人员、专家等多方智慧的成果。

一、教材编写指南

传统的学科体系下的教材是从教师"教"的角度编写的,更多考虑了教师如何教,很少考虑学生如何学。本书以项目引领,任务驱动,以学生为主体,从学生自主学习的角度来编写。

作为使用对象的学生,首先要知道自己是学习的主体,要养成自主学习的习惯,学会与他人合作学习,表达自己,与人交流;在完成教学任务的过程中,一定要心中有数,要做到咨询、计划、决策、实施、检查、评价六个步骤,这样在提高了专业技能的同时,也培养了责任心、敬业精神、效率意识、安全意识和团队合作等职业素养。

二、教学实施指南

教学模式的改革使教师从传统的"教"转变为"导",成为教学活动的引导者、组织者、促进者,坚持行动导向教学,采用教学做一体化教学模式。

　　师资要求：教师本身应具备良好的职业素养、职业道德及现代的职教理念，具备可持续发展能力，同时还要具备生产过程自动化技术专业综合知识，有较强的教学及项目开发能力。

　　教学载体：教学做一体化教室，PLC 实训装置及相关模块装置，计算机，相应的 PLC 编程软件及仿真软件。

　　教学内容：将国家职业技能标准有关内容及要求有机融入本书内容。在项目任务中融合了人力资源和社会保障部颁发的相关职业资格证书的考核要求。

　　训练模式：学生三人成立小组，分工协作完成任务，并编写技术文件。

　　教学评价：教学评价是任务实施过程中目标管理的关键环节，要求采取教师评价与学生评价相结合、过程评价与结果评价相结合、素养评价与专业技能评价相结合的多元化评价体系。

三、教材特色

（1）项目引导，任务驱动

　　以三菱公司小型 PLC 作为学习平台，选择目前在售新一代、功能最强的三菱电机小型 FX3U 系列 PLC 作为载体。本书选取了三个项目，每个项目又分为若干个任务，以"任务目标""任务描述""任务实施""任务检查与评价""知识链接""巩固与拓展"六段式贯穿于每一个任务，将 PLC 技术应用所需要的基本知识和基本技能穿插在各个任务完成的过程中，由学生熟悉的电动机控制入手到自动生产线应用项目，由浅入深、循序渐进。学生带着任务学习，在完成任务的过程中实现理论与实践知识的融合。遵循技术技能型人才成长规律，知识传授与技术技能培养并重，强化学生职业素养养成和专业技术积累。

（2）校企双元开发，突出教材的实用性和实效性

　　本书的编者大多来自企业，有的从事过十多年 PLC 应用系统开发工作，企业实践经验非常丰富。本书的内容来源于工程实际控制项目，无论是 PLC 的选型，还是程序的编写都反映了工程上的实际需求。本书主要以浙江天煌科技实业有限公司生产的可编程序控制器综合实训装置（THPFSF - 2 型）作为训练用设备，书中的图片是企业实际设备的照片或从编程软件的操作界面直接截取的画面，将企业的新技术、新工艺融入本书中，着力培养学生的职业素养、职业技能和就业创业能力。

（3）配套丰富的立体化教学资源

　　除纸质教材外，还有相关的精品在线课程网站，本书配套有丰富的视频、动画等多媒体数字资源，部分资源以二维码形式在书中呈现，适合教师、学生、社会学习者使用，是助教、助学的好帮手。

　　本书由何琼担任主编,盖超会、陈帆担任副主编。何琼编写了任务一、二,丁群燕编写了任务三、七,谷玉玲编写了任务四、八,李大明编写了任务五,盖超会编写了任务六、九,陈元凯编写了任务十,叶茎编写了任务十一,陈帆编写了附录。全书由何琼统稿,方红彬担任主审。

　　在编写本书的过程中,编者参阅了大量的文献资料,并得到相关合作企业的大力支持,三菱电机自动化(中国)有限公司蔡建国、杨弟平,浙江天煌科技实业有限公司陆磊在本书编写过程中给予了很大的帮助,在此编者向相关技术人员表示衷心的感谢!

　　由于编者水平有限,书中错误和不足在所难免,恳请读者和专家批评指正!

编　者

Contents | **目录**

项目一　PLC 技术应用基础

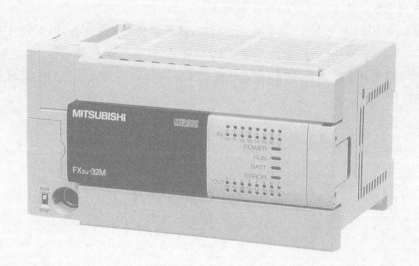

 **项目目标**

　　本项目内容为认识可编程控制器（PLC），包括其定义、分类、应用领域、硬件、软件等。硬件部分包括基本单元的结构、安装与接线；软件部分包括编程语言、编程软件的使用等。

知 识 目 标	技 能 目 标
(1) 了解可编程控制器的定义、应用领域。	(1) 能安装 PLC 的基本单元。
(2) 了解三菱 FX 系列 PLC 外观、型号及结构。	(2) 能完成 PLC 输入端子、输出端子的接线。
(3) 了解 PLC 的编程语言及编程软件。	(3) 能熟练使用 PLC 编程软件，能下载、监视程序。

 **项目引导**

　　国民经济转型升级，从"世界制造业大国"到"世界制造业强国"的转变孕育着中国工业的核心变革。如何从产业链低端向高端演进，从低品质产品向高品质产品转变，这一切都同自动化技术应用的水平直接相关。如何判断自动化技术应用水平的高低呢？一方面是机械结构设计和加工水平，另一方面则是制造过程中的自动化程度，而这一切都需要有一个工业控制的核心技术——可编程控制技术。

　　第一台工业 PLC 是在 1969 年于美国发明的，随着现代化工业发展，PLC 也快速成长起来，目前世界上有 300 多个厂家生产各种 PLC 产品，仅国内年用量就在 10 万台以上，在工业领域可以说是家喻户晓，PLC 技术已成为工业自动化的三大支柱（PLC、机器人和CAD/CAM）之一。

Task 1 任务一 | 认识 PLC

任务目标

（1）了解 PLC 产生的背景、发展过程及在工业控制领域中的应用现状。

（2）熟悉三菱 FX 系列 PLC 外观，能正确进行输入输出端子的接线。

（3）初步掌握 PLC 的硬件组成结构。

（4）提高自我学习、信息处理等能力。

任务描述

● 任务内容

认识 PLC，学会 PLC 基本单元的安装接线。

● 实施条件

教学做一体化教室，PLC 实训装置（含 FX3U－48MR PLC 基本单元），个人计算机（安装有 PLC 编程软件），电工常用工具若干，导线若干。

任务实施

步骤一 查阅资料了解 PLC 定义及应用领域。

> **几点说明**
>
> 学习参考网站如下。
>
> 中国工控网，其网址为 http://www.gongkong.com。
>
> 中华工控网，其网址为 http://www.gkong.com。
>
> 三菱电机自动化（中国）有限公司网站，其网址为 http://cn.mitsubishielectric.com/fa/zh/。
>
> 自动化网，其网址为 http://www.zidonghua.com.cn。
>
> PLC 技术网，其网址为 http://www.plcjs.com。

步骤二 收集市场上起主导地位的 PLC 品牌产品的外观、系列、型号及分类等信息。

步骤三 FX3U 系列 PLC 基本单元的安装。

步骤四 FX3U 系列 PLC 基本单元的接线。

任务检查与评价

根据学生在任务实施过程中的表现,客观予以评价,评价标准见表 1-1。

表 1-1 评价标准

一级指标	比例	二级指标	比例	得分
信息收集与自主学习	40%	1. 明确任务	5%	
		2. 独立进行信息资讯收集	3%	
		3. 制定合适的学习计划	2%	
		4. 充分利用现有的学习资源	5%	
		5. 使用不同的行动方式学习	15%	
		6. 排除学习干扰,自我监督与控制	10%	
PLC 认知、安装与接线	50%	1. PLC 的认知	10%	
		2. 实训台的认知	10%	
		3. 接线情况	15%	
		4. 布线工艺	15%	
职业素养与职业规范	10%	1. 设备操作规范性	2%	
		2. 材料利用率,接线及材料损耗	2%	
		3. 工具、仪器、仪表使用情况	2%	
		4. 现场安全、文明情况	2%	
		5. 团队分工协作情况	2%	
总　计			100%	

知识链接

一、PLC 的定义

PLC 是什么?用处大吗?如何使用?这些都是初学者关注的问题。

PLC 的中文名称为可编程控制器。世界上第一台可编程控制器是由美国数字设备公司(DEC)于 1969 年研制出来的,投入到通用汽车公司的生产线中,取得了良好的效果。其后,日本、德国、英国、法国等国也相继研发了适应本国需求的可编程控制器,我国也于1974 年开始研制并生产可编程控制器。早期的可编程控制器主要用于取代继电器控制,只能进行逻辑运算,故称可编程逻辑控制器(programmable logic controller)。

随着微电子技术和微计算机技术的发展,可编程控制器不仅可以实现逻辑控制,还能实现模拟量、运动和过程的控制以及数据处理及通信。美国电气制造商协会（NEMA）经过四年的调查工作，于 1980 年正式将可编程控制器命名为 PC（programmable controller），但为了与个人计算机 PC（personal computer）相区别，也将可编程控制器简称为 PLC，并给 PLC 作了定义：PLC 是一种带有指令存储器、数字的或模拟的输入和输出接口，以位运算为主，能完成逻辑、顺序、定时、计数和运算等功能，用于控制机器或生产过程的自动化控制装置。

1987 年，国际电工委员会（international electrotechnical commission，IEC）在可编程控制器标准草案第三稿中对可编程控制器作了如下的定义："可编程控制器是一种数字运算操作的电子系统，专为在工业环境下应用而设计。它采用可编制程序的存储器，用来在其内部存储执行逻辑运算、顺序运算、定时、计数和算术运算等操作的指令，并能通过数字式或模拟式的输入和输出，控制各种类型的机械或生产过程。可编程控制器及其有关的外围设备，都应按照易于与工业控制系统联成一个整体、易于扩充其功能的原则而设计。"

二、MELSEC‐F 系列 PLC 简介

目前，PLC 的生产厂家众多，从市场销售和企业的实际使用情况来看，占据市场主流地位的主要为欧美、日本的 PLC 产品。我国也有很多自主 PLC 品牌，但至今还没有出现有较大影响力和市场占有率的产品。本书选用日本三菱公司的 FX3U 系列 PLC 产品作为学习机型，同时也会兼顾目前国内市场使用较多的其他机型。

日本三菱公司生产的 PLC 有 MELSEC‐Q 系列、MELSEC‐F 系列、MELSEC‐L 系列、MELSEC‐QS/WS 系列、MELSEC iQ‐R 系列、MELSEC iQ‐F 系列等。其中，MELSEC‐F 系列选型指南中保留有 FX2N，FX2NC，FX1N，FX1NC，FX1S 等系列产品，它们在国内有很大的保有量。FX3U，FX3UC，FX3G 系列是三菱第三代小型 PLC，性能大幅度提高。FX3U，FX3UC 系列分别是 FX2N，FX2NC 系列的升级产品，FX3G 系列是 FX1N 系列的升级产品。目前 FX2N 系列部分产品及选件已于 2012 年停产，可用 FX3U 系列的对应产品代替，新旧产品的价格基本相同。2015 年，MELSEC iQ‐F 系列（FX5U 系列），以基本性能的提升、与驱动产品的连接、软件环境的改善为亮点，作为 FX3U 系列的升级产品隆重问世。图 1‐1 所示为 FX3U 系列 PLC 外观图，图 1‐2 所示为 FX5U 系列 PLC 外观图。

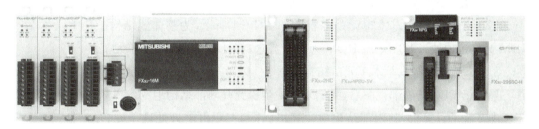

图 1‐1　FX3U 系列 PLC 外观图

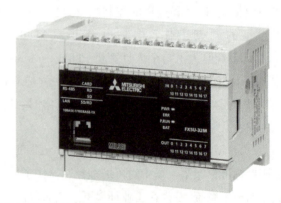

图 1-2　FX5U 系列 PLC 外观图

1. FX3U 系列 PLC 基本单元型号说明

　　FX3U 系列 PLC 由基本单元、输入输出扩展单元、输入输出扩展模块、特殊功能模块、特殊适配器等组成。基本单元也就是通常所说的 PLC 本体,它是 PLC 的核心控制部件,能独立完成小规模控制的任务。下面以 FX3U 系列为例说明其型号命名。

　　FX3U 系列 PLC 基本单元包括十多种型号,其型号命名形式如图 1-3 所示。

$$FX3U-\bigcirc\bigcirc M\square/\square$$

图 1-3　FX3U 系列 PLC 型号命名形式

　　(1) FX3U 为系列名称。

　　(2) ○○为输入/输出(I/O)合计点数。

　　(3) M 为基本单元。

　　(4) □/□为输入输出方式:R/ES 为 DC24V(源型/漏型)输入,继电器输出;T/ES 为 DC24V(源型/漏型)输入,晶体管漏型输出;T/ESS 为 DC24V(源型/漏型)输入,晶体管源型输出。

　　FX3U 系列 PLC 有输入/输出分别为 8/8 点、16/16 点、24/24 点、32/32 点、40/40点和 64/64 点的基本单元,最后可以扩展到 384 个 I/O 点,有交流电源型和直流电源型,有继电器输出型、晶体管源型输出型和晶体管漏型输出型。

2. FX3U 系列 PLC 基本单元的外部视图

　　FX3U 系列 PLC 基本单元外部视图如图 1-4 所示,为整体式结构。其中,FX3U-7DM 为显示模块,FX3U-FLROM 为存储器盒,都可以安装在基本单元上。

3. FX3U 系列 PLC 基本单元的结构框图

　　熟悉了 PLC 的外部视图后,我们来进一步探究其内部结构组成。PLC 实质上是专用于工业环境的计算机,其内部结构与计算机相同,主要由中央处理单元、存储器、输入单元、输出单元、电源、扩展接口、通信接口等组成,其结构框图如图 1-5 所示。

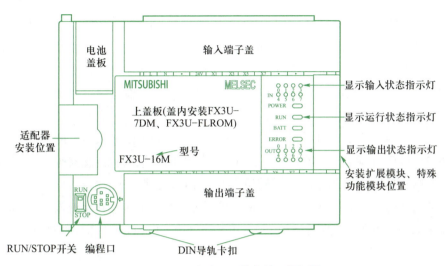

图 1-4 FX3U 系列 PLC 基本单元外部视图

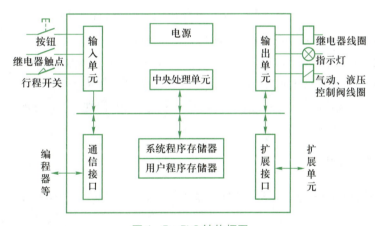

图 1-5 PLC 结构框图

（1）中央处理单元

中央处理单元(CPU)是整个 PLC 的运算和控制中心,相当于人的大脑,在系统程序的控制下,通过运行用户程序完成各种控制、处理、通信等功能,控制整个系统并协调系统内部各部分的工作。

（2）存储器

PLC 的存储器用来存储程序和数据,可分为系统程序存储器和用户程序存储器。前者用于存放系统的各种管理、监控程序等,后者用于存放用户编制程序、工作数据等。

（3）输入 /输出单元

输入单元和输出单元简称 I/O 单元,它们是系统的耳目和手脚,是外部现场设备和 CPU 联系的桥梁。

由于外部输入设备和输出设备所需的信号电平是多种多样的,而 PLC 内部 CPU 处理信号电平只能是标准电平,所以 I/O 单元还具有电平转换与隔离作用。为防止外部的干扰信号损坏 CPU 或导致 PLC 不能正常工作,在 I/O 单元中,用光耦合器、光敏晶闸管、继电器等器件来隔离 PLC 的内部电路和外部的 I/O 电路,以提高 PLC 的抗干扰能力。另外,为了反映输入、输出的工作状态,PLC 还设置了输入、输出状态指示灯,工作状态直观,便于维护。

① 开关量输入单元 开关量输入单元是连接外部开关量输入器件的接口,开关量输入器件包括按钮、行程开关、接近开关、光电开关、继电器触点和传感器等,输入单元的作用是把现场开关量(高、低电平)信号转换成 PLC 内部处理的标准信号。

按可接纳的外部信号的类型不同,输入单元可分为直流输入和交流输入,一般整体式 PLC 中输入单元都采用直流输入,由基本单元提供输入电源,不再需要外接电源。

② 开关量输出单元 开关量输出单元是 PLC 用来控制接触器线圈、电磁阀、指示灯、液压阀、报警装置等执行装置的单元,其作用是将 PLC 内部的标准状态信号转换为现场执行机构所需的开关量信号。开关量输出接口分为继电器输出、晶体管输出和双向晶闸管输出三类,其中,继电器输出用于交流、直流负载,晶体管输出用于直流负载,双向晶闸管输出用于交流负载。

文本

FX3U
规格概要

此外,PLC 基本单元还有通信接口和扩展接口等,主要用来连接各种扩展模块、适配器、编程器、人机界面、存储盒等外围选件。这些选件并非 PLC 运行所必须,主要用于更加方便地对 PLC 进行编程、使用和维护。

三、PLC 分类与应用

目前 PLC 的种类非常多,型号和规格也不统一,了解 PLC 的分类有助于 PLC 的选型和应用。

1. PLC 的分类

PLC 通常以输入/输出点数(I/O 点数)的多少进行分类,I/O 总点数在 256 点以下的,称为小型机,一般适用于控制单台设备和开发机电一体化产品;I/O 总点数在 256~2 048 点之间的,称为中型机,适用于复杂的逻辑控制系统以及自动生产线的过程控制场合;I/O 总点数大于 2 048 点的,称为大型机,适用于设备自动化控制、过程控制、过程自动化控制和过程监控系统等。

以上的划分没有严格的界限,随着 PLC 技术的发展,某些小型机也具有中型机或大型机的功能。另外,还可以根据 PLC 的结构形式和生产厂家等分类,这里不一一详述。

2. PLC 的应用

目前,PLC 在国内外广泛应用于钢铁、石油、化工、建材、机械制造、汽车、轻纺、交通运输、环保及文化娱乐等各个行业。随着 PLC 性价比的不断提高，其应用范围越来越大，主要有以下几个方面。

（1）开关量逻辑控制

逻辑控制是 PLC 最基本的应用，它可以取代传统的继电器控制装置，如机床电气控制、各种电动机控制等，也可取代顺序控制，如高炉上料、电梯控制、货物存取、运输、检测等，可实现组合逻辑控制、定时逻辑控制和顺序逻辑控制等功能。PLC 的逻辑控制功能相当完善，可用于单机控制，也可以用于多机群控制及自动生产线控制，其应用领域已遍及各行各业。

（2）运动控制

运动控制是指使用专用的运动控制模块，对直线运动或圆周运动的位置、速度和加速度进行控制，实现单轴、双轴和多轴位置控制，并使运动控制和顺序控制功能有机结合在一起。

PLC 的运动控制功能可用于金属切削机床、金属成形机械、机器人、电梯等各种机械设备上，可方便地实现机械设备的自动化控制，如 PLC 与计算机数控（CNC）装置组合成一体，构成先进的数控机床。

（3）过程控制

过程控制是指对温度、压力和流量等模拟量的闭环控制。PLC 通过其模拟量 I/O 模块、数据处理和数据运算等功能实现对模拟量的闭环控制。

PID 调节是一般闭环控制系统中用得较多的调节方法。现代大、中型 PLC 一般都有 PID 闭环控制功能，这一功能可以用 PID 子程序或专用的 PID 模块来实现，可用于冶金、化工、热处理炉、锅炉、塑料挤压成型机等设备的控制。

（4）数据处理

现代 PLC 具有数学运算、数据移位、传送、比较、转换、排序和查表等功能，可以完成数据的采集、分析和处理。

数据处理功能一般用在大、中型控制系统中，如无人柔性制造系统、机器人控制系统，也可用于过程控制系统，如造纸、冶金、食品加工中的一些大型控制系统。

（5）通信联网

PLC 通信包括主机与远程 I/O 之间的通信、多台 PLC 之间的通信和 PLC 与其他智能设备（如计算机、变频器、数控装置等）之间的通信。利用 PLC 和计算机的 RS-232 及 RS-422 接口、PLC 专用通信模块，用双绞线和同轴电缆或光缆将它们联成网络，可实现相互间的信息交换，构成"集中管理，分散控制"的多极分布式控制系统，建立工厂的自动化网络。目前，几乎所有的 PLC 都具有与计算机通信的能力。

上述的全部应用并不是所有的 PLC 都有，一些小型 PLC 只具有部分功能，但价格较低，而大型 PLC 具备的功能较为完善，可应用范围更广。

四、FX3U 系列 PLC 的安装与接线

1. PLC 的安装

PLC的安装方式有两种：一是直接利用螺钉安装；二是利用 DIN 导轨安装，这就需要先将 DIN 导轨固定好，再将 PLC 及各种扩展单元卡在 DIN 导轨上。安装时，还要注意在 PLC 周围留出散热及接线空间。

几点说明

（1）用螺钉安装时，请参考基本单元外形尺寸图，在安装面进行安装孔的加工。再将基本单元对准孔，使用 M4 螺钉进行连接。

（2）注意电源的配线，包括隔离、避雷和稳压。

（3）请采用合适的接地方式，如 D 类接地或专用接地等。

---

2. PLC 的端子排列

PLC 在工作前必须正确接入控制系统，和 PLC 连接的主要有 PLC 的电源接线、输入/输出器件的接线及通信线等。

图 1-6 为 FX3U-48MR/ES(FX3U-48MT/ES)PLC 的接线端子排列图，其外部端子包括 PLC 的电源端子、输入端子和输出端子。从型号可以知道，属于 AC 电源 DC 输入形式，图 1-6 中 L 接 AC 电源相线，N 接 AC 电源零线，S/S 为输入继电器公共点，COM1～COM5 为输出公共点，0V、24V 为 PLC 提供给外部的 DC24V 电源（也可用作输入继电器电源），X□（编号）为输入端子，Y□ 为输出端子，"•"为空端子，"⏚"为接地端子，一般是 D 种接地，即接地电阻为 100 Ω 以下。

⏚	S/S	0V	X0	X2	X4	X6	X10	X12	X14	X16	X20	X22	X24	X26	•
L	N	•	24V	X1	X3	X5	X7	X11	X13	X15	X17	X21	X23	X25	X27

FX3U-48MR/ES(-A), FX3U-48MT/ES(-A)

Y0	Y2	•	Y4	Y6	•	Y10	Y12	•	Y14	Y16	Y20	Y22	Y24	Y26	COM5
COM1	Y1	Y3	COM2	Y5	Y7	COM3	Y11	Y13	COM4	Y15	Y17	Y21	Y23	Y25	Y27

图 1-6　FX3U-48MR/ES(FX3U-48MT/ES)PLC 接线端子排列图

输入/输出端子的数量、类别也是 PLC 的主要技术指标之一。一般 FX3U 系列 PLC 基本单元的输入端子（X）位于 PLC 的一侧，输出端子（Y）位于另一侧。另外，FX3U 系列 PLC 的 I/O 点数量、类别随机器型号不同而不同，但 I/O 点数量比例及编号规则完全相同，一般输入点和输出点的数量之比为 1∶1，也就是说输入点数等于输出点数。

3. 输入端子的接线

开关量输入器件（如按钮、转换开关、行程开关、继电器触点、传感器等）连接到对应的输入端子上,通过输入电路将信息送到 PLC 内部进行处理,一旦某个输入器件的状态发生变化,则对应输入点的状态也随之变化。FX3U 系列 PLC 基本单元都为直流(DC24V)的漏型/源型输入通用型产品。

(1)漏型输入("－"为公共端)

当 DC 输入信号的电流是从输入端子流出电流时,称为漏型输入。图 1-7 所示为漏型输入接线图。

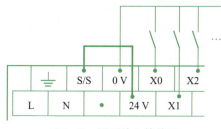 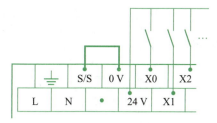

图 1-7 漏型输入接线图   图 1-8 源型输入接线图

(2)源型输入("＋"为公共端)

当 DC 输入信号的电流是从输入端子流入电流时,称为源型输入。图 1-8 所示为源型输入接线图。

几点说明

(1)通过选择,可以将基本单元的所有输入设置为漏型或是源型输入,但是不能混合使用。

(2)输入输出扩展单元/模块分为漏型/源型输入通用型和漏型输入专用型两种,选择时请注意。

(3)对于 FX1S、FX1N、FX2N 系列 PLC 国内销售产品均为漏型输入产品,公共端直接接 COM 端子即可。

4.输出端子的接线

输出电路就是 PLC 的负载驱动回路,通过输出端子将负载和负载电源连接成一个回路,这样负载就由 PLC 的输出端子来进行控制,其连接示意图如图 1-9 所示。负载电源由外部提供,负载电流一般不超过 2 A,规格应根据负载的需要和输出点的技术规格来选择。

FX3U 系列 PLC 基本单元有晶体管输出和继电器输出,输出型为 1 点、4 点、8 点

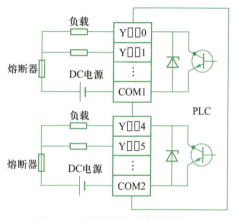

图 1-9 晶体管漏型输出接线图

共一个公共端输出型。其中,晶体管输出产品中还包括漏型输出产品和源型输出产品,如图1-9、图1-10所示为多点共用一个公共端晶体管漏型、晶体管源型输出接线图。

在漏型输出中,COM□端子上连接负载电源的负极,COM□端子内部未连接。在源型输出中,+V□端子上连接负载电源的正极。

多点共用一个公共端继电器输出接线图如图1-11所示。

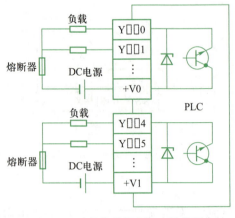
图1-10　晶体管源型输出接线图

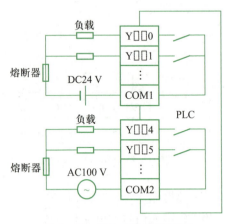
图1-11　继电器输出接线图

几点说明

(1)输出共用一个公共点时,同COM点输出必须使用同一电压类型和等级,即电压相同,电流类型(直流或交流)、频率相同,不同组之间可以用不同类型和等级的电压。

(2)当连接在输出端子上的负载短路时,可能会烧坏输出元器件或者印制电路板,请在输出中加入保护作用的熔断器。

(3)使用电感性负载时,根据具体情况,必要时加入保护触点的回路。

(4)对于接通后会引起危险的正反转用接触器之类的负载,请在PLC内的程序中进行互锁,同时还需要在PLC外部采取互锁的措施。

 **巩固与拓展**

一、巩固自测

1. PLC的定义是什么?

2. 列出三个左右国产品牌PLC及其应用领域。

二、拓展任务

1. 到图书馆或通过网络查找资料,并分小组讨论,PLC的接线与继电器控制的接线有什么区别?

2. 查阅三菱 FX3U 系列可编程控制器用户手册(硬件篇),列举 FX3U 系列 PLC 基本单元的型号。

3. 按图 1-12 所示的接线图在实训装置上接线。

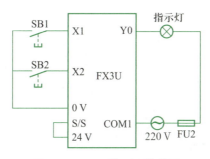

文本

三菱 FX3U 系列与 FX5U 系列 PLC 的区别

图 1-12　PLC 的 I/O 接线图

几点说明

　　为了实践 PLC 的应用,建议使用 PLC 实训装置(若条件不允许,可以使用仿真软件)。国内目前有关 PLC 技术应用的实训装置种类很多,也比较成熟。本书主要以浙江天煌科技实业有限公司生产的可编程控制器综合实训装置(THPFSL-2型)来进行学习,如图 1-13 所示。

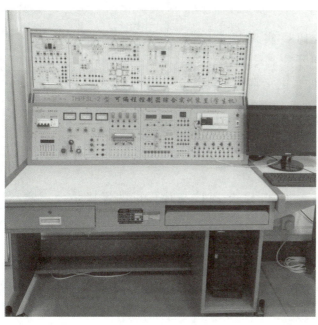

视频

认识实训装置 THPFSL-2

图 1-13　可编程控制器综合实训装置(THPFSL-2型)

Task 2 任务二 | PLC 编程软件的使用

 任务目标

（1）了解 PLC 的编程语言。

（2）熟悉 GX Works2 软件的使用方法。

（3）能利用编程软件进行程序输入、下载、监视、模拟调试等。

 任务描述

● 任务内容

将如图 2－1 所示的梯形图程序，下载到 PLC 里，开启监视模式，并模拟调试。

● 实施条件

教学做一体化教室，PLC 实训装置（含 FX3U－48MR PLC 基本单元），个人计算机（已安装 GX Works2 编程软件），电工常用工具若干，导线若干。

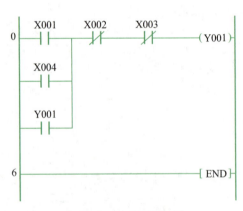

图 2－1　梯形图

 任务实施

步骤一　准备工作。

通电检查实训装置是否正常，检查 PLC 与计算机的连接是否正常，置 PLC 于"STOP"状态。

步骤二　选择合适的 PLC 编程语言。

步骤三　选择合适的 PLC 编程工具。

步骤四　打开 GX Works2 编程软件，正确地输入程序，下载程序到 PLC，开启监视模式，并模拟调试。

 任务检查与评价

根据学生在任务实施过程中的表现，客观予以评价，评价标准见表 2－1。

表 2-1　评　价　标　准

一级指标	比例	二级指标	比例	得分
编程软件的使用	90%	1. 新建工程	10%	
		2. 输入梯形图	20%	
		3. 程序的输入与下载	20%	
		4. 在线监视	20%	
		5. 菜单工具的熟练使用	20%	
职业素养与职业规范	10%	1. 设备操作规范性	2%	
		2. 材料利用率、接线及材料损耗	2%	
		3. 工具、仪器、仪表使用情况	2%	
		4. 现场安全、文明情况	2%	
		5. 团队分工协作情况	2%	
总　计		100%		

 知识链接

一、PLC 编程语言

PLC 是一种适合用于工业环境的计算机,不光有硬件,软件也必不可少。PLC 的软件包括系统软件与用户程序。系统软件由 PLC 制造厂商固化在机内,用以控制 PLC 本身的动作,其质量的好坏很大程度上影响 PLC 的性能。很多情况下,通过改进系统软件就可在不增加任何设备的条件下,大大改善 PLC 的性能。因此,PLC 的生产厂商对 PLC 的系统软件都非常重视,其功能也越来越强。

用户程序由 PLC 的使用者用编程语言编制并写入,用于控制外部对象的运行,是 PLC 的使用者针对具体控制对象编制的程序,同一台 PLC 用于不同的控制目的时,就需要编制不同的用户程序。用户程序存入 PLC 后,可以多次改写以改变控制目的。

为使广大电气工程技术人员很快掌握 PLC 的编程方法,通常 PLC 不采用微型计算机的编程语言,PLC 的系统软件为用户创立了一套易学易懂、应用简便的编程语言,它是 PLC 能够迅速推广应用的一个重要因素。由于 PLC 诞生至今时间不长,发展迅速,因此其硬件、软件尚无统一标准,不同生产厂商不同机型 PLC 产品采用的编程语言只能适应自己的产品,本书主要以日本三菱公司 FX3U 系列 PLC 产品为例介绍其编程语言。

国际电工委员会(IEC)的 PLC 编程语言标准(IEC61131-3)中有 5 种编程语言:梯形图(LD)、指令表(IL)、状态转移图(SFC)、功能块图(FBD)和结构化文本(ST)。目前 FX 系列 PLC 普遍采用的编程语言为梯形图、指令表和 IEC 规定用于顺序控制的标准化

语言状态转移图。

1. 梯形图

梯形图是一种以图形符号及其在图中的相互关系来表示控制关系的编程语言,是从继电器电路图演变过来的,是使用得最多的 PLC 图形编程语言,如图 2-2 所示。其两侧的平行竖线为母线,器件为由许多触点和编程线圈组成的逻辑行。应用梯形图编程时,只要按梯形图逻辑行顺序输入,计算机就可自动将梯形图转换成 PLC 能接受的机器语言,存入并执行。

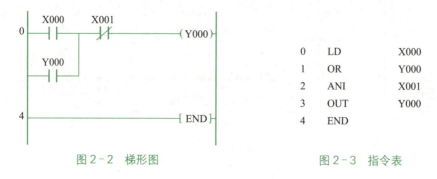

0	LD	X000
1	OR	Y000
2	ANI	X001
3	OUT	Y000
4	END	

图 2-2　梯形图　　　　　　　　　　　　图 2-3　指令表

2. 指令表

指令表又称语句表。PLC 的指令是一种与微机汇编语言中的指令相似的助记符表达式,由指令组成的程序叫做指令表程序。指令表程序较难阅读,其中的逻辑关系很难一眼看出,所以在设计时一般使用梯形图语言。如果使用手持编程器,必须将梯形图转换成指令表后再写入 PLC。在用户程序存储器中,指令按步序号顺序排列。图 2-2 梯形图对应的指令表如图 2-3 所示。

3. 状态转移图

状态转移图,是一种位于其他编程语言之上的图形语言,用来编制顺序控制程序,在后续内容中将作详细介绍。图 2-4 所示为状态转移图。

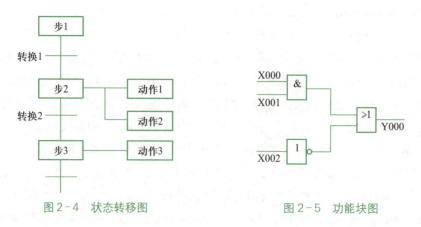

图 2-4　状态转移图　　　　　　　　　　图 2-5　功能块图

4. 功能块图

功能块图是一种类似于数字逻辑门电路的编程语言,有数字电路基础的人很容易掌握。该编程语言用类似与门、或门的方框来表示逻辑运算关系，方框的左侧为逻辑运算的输入变量，右侧为输出变量，输入、输出端的小圆圈表示"非"运算，方框被"导线"连接在一起，信号自左向右流动，如图 2-5 所示。在国内使用功能块图语言的人很少。

5. 结构化文本

结构化文本是 IEC61131-3 标准中为 PLC 创建的一种专用高级编程语言。与梯形图相比，它能实现复杂的数学运算，编写的程序非常简洁和紧凑。

除了提供几种编程语言供用户选择外，标准还允许编程者在同一程序中使用多种编程语言，这使编程者可选择不同的语言来适应特殊的工作。本书将以梯形图、状态转移图为主，指令表为辅。

二、编程工具及编程软件的使用

FX 系列 PLC 编程主要依靠手持编程器（HPP）和计算机。手持编程器体积小，携带方便，外观像一只小型的手持计算器。FX 系列 PLC 的常用手持编程器为 FX-20P 和 FX-30P，具有小型、轻便的特点及卓越的性价比，采用指令表进行编程，可以监视 PLC 的软元件，具有故障诊断功能以及测试功能，可以轻松地完成维护和调试。篇幅所限，本书不具体介绍其使用操作方法，详细内容请参考相关操作手册。

相较于使用手持编程器，大部分人更习惯用计算机编程，这就要求配置专门的编程软件，三菱 FX3U 系列 PLC 常用的编程软件有 GX Works2 和 GX Developer 等。

GX Developer 编程软件于 2005 年发布，适用于三菱 Q 系列、FX 系列 PLC。它可以采用梯形图、指令表、状态转移图及结构化文本等多种语言编程，具有参数设定、在线编程、监控、打印等功能。

GX Works2 编程软件于 2011 年推出，相比于 GX Developer 编程软件，提高了功能及操作性能，变得更加容易使用。它具有简单工程（simple project）和结构化工程（structured project）两种编程方式，支持梯形图、指令表、状态转移图、结构化文本及结构化梯形图等编程语言，可实现程序编辑，参数设定，网络设定，程序监控、调试及在线更改，智能功能模块设置等功能，适用于 Q、L、FX 等系列 PLC，同时，它还具有系统标签功能，可实现 PLC 数据与 HMI、运动控制器的数据共享。

本书选用 GX Works2 编程软件进行讲解。

1. 新建简单工程

打开 GX Works2 编程软件，选择 GX Works2 菜单栏中"工程"→"新建"命令，或者使用快捷键 Ctrl+N，就可以新建一个工程了。

如图 2-6 所示，通过新建工程对话框，可以选择工程类型，实现对 PLC 系列及 PLC 类型的设定，可以设定程序语言为梯形图或 SFC（简单工程为例），还可选择是否使用标签。当确定对话框中的所有内容后，即可进入程序写入窗口进行梯形图的设计。

视频

GX Works2
编程软件的
使用

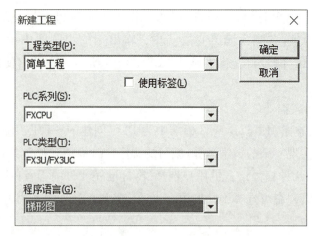

图2-6 "新建工程"对话框

2. 梯形图的绘制

进入程序写入窗口,单击要输入图形的位置,按 Enter 键,即可通过"梯形图输入"对话框输入指令,如图2-7所示。也可以单击梯形图标记工具栏上的相关符号进行设计。

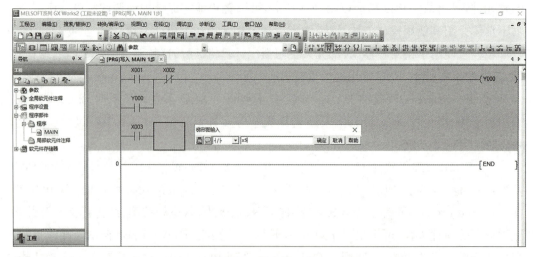

图2-7 程序写入窗口

几点说明

在绘制梯形图时应注意以下几点。

(1) 一个梯形图块应在24行以内进行设计。

(2) 一个梯形图的行触点数是11触点+1线圈,如果设计梯形图时,一行中有12触点以上,则自动移至下一行。

(3) 梯形图剪切和复制的最大范围为48行。

（4）梯形图符号的插入依据"挤紧右边"和"列插入"的组合来处理,所以有时有些梯形图的形状也会无法插入。

（5）在读取模式下,不能进行剪切、复制及粘贴等操作。

3. 梯形图的转换

完成梯形图的绘制后,选择 GX Works2 菜单栏中"转换/编译"→"转换"命令,或单击工具栏上的转换工具 ![],或使用快捷键 F4,完成梯形图的转换。若梯形图的转换过程中出现错误,则梯形图保持灰色,光标移至出错区域,如图 2-8 所示。

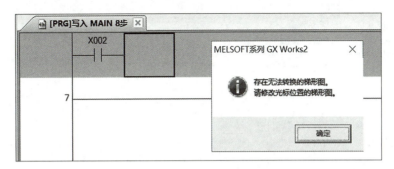

图 2-8 程序转换出错

此时,可双击编辑区,调出"梯形图输入"对话框,重新输入指令。还可以利用编辑菜单的插入、删除等命令对梯形图进行必要的修改,直至梯形图转换正确为止。转换正确的梯形图块如图 2-9 所示。

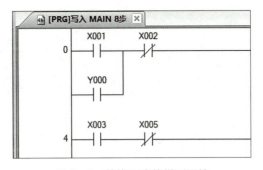

图 2-9 转换正确的梯形图块

4. 连接目标的设置及程序的写入和读取

（1）连接目标的设置

要将计算机中已编制好的程序下载（写入）到 PLC 中,必须先将计算机与 PLC 相连接（关于连接时的注意事项,可参阅 PLC 的相关手册）,再对连接目标进行设置。

在导航窗口的视窗选择区域单击"连接目标",双击"Connection1",弹出"连接目标设置"对话框,如图 2-10 所示。

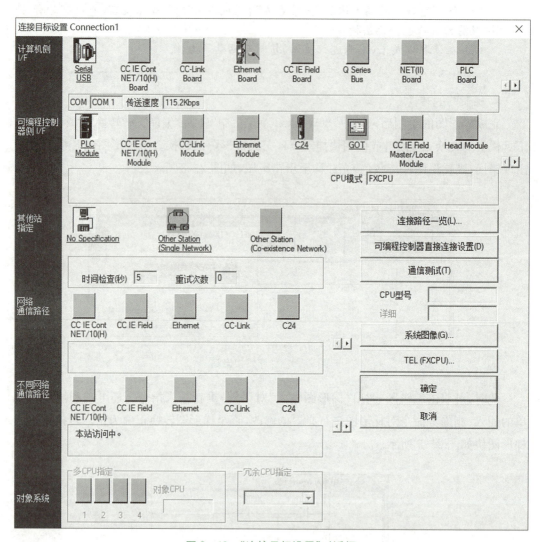

图 2-10　"连接目标设置"对话框

在"连接目标设置"对话框中,可以进行 PLC 和计算机的 I/F 及通信方式的设定,可以进行其他网络站点设定,还可以实现通信测试。

（2）程序的写入和读取

选择 GX Works2 菜单栏中"在线"→"PLC 写入"命令,或单击工具栏上的 PLC 写入工具 ,弹出"PLC 写入"对话框,进行相关设置并执行,已编制好的程序将被写入 PLC 中。选择 GX Works2 菜单栏中"在线"→"PLC 读取"命令,或单击工具栏上的 PLC 读取工具 ,弹出"PLC 读取"对话框,进行相关的选择及设定并执行,将 PLC 中的程序读取到计算机。

　　在 PLC 读取或写入对话框中,可以对读取或写入的文件种类进行选择,也可以对软元件数据及程序的范围进行设定。在 GX Works2 中还可以实现计算机和 PLC 中程序及参数的校验。

5. 程序的监视

　　选择 GX Works2 菜单栏中的"在线"→"监视"→"监视模式"命令就可监视 PLC 的程序运行状态,监视画面如图 2-11 所示。当程序处于监视模式时,不论监视开始还是监视停止,都会显示"监视状态"对话框。由"监视状态"对话框可以观察到被监视的 PLC 的最大扫描时间、当前的运行状态等信息。在梯形图上也可以观察到各输入及输出软元件的运行状态,并可通过"在线"→"监视"→"软元件/缓冲量批量监视"命令实现对软元件的批量监视。

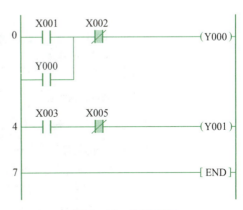

图 2-11　监视画面

　　在 PLC 处于在线监视状态下,仍可在 GX Works2 菜单栏中选择"在线"→"监视"→"监视(写入模式)"命令,对程序进行在线编辑,并进行计算机与 PLC 间的程序校验。

6. 程序的模拟仿真

　　选择 GX Works2 菜单栏中的"调试"→"模拟开始/停止"命令,或单击工具栏上的模拟开始/停止工具 ,就可以对程序进行模拟仿真。模拟 PLC 写入如图 2-12 所示。

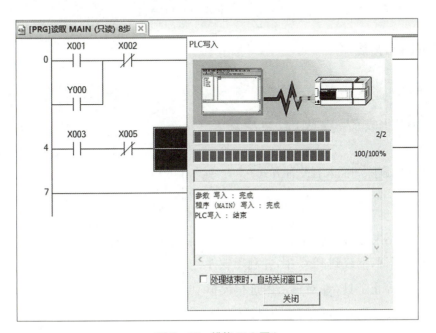

图 2-12　模拟 PLC 写入

选择 GX Works2 菜单栏中"调试"→"当前值更改"命令,通过"当前值更改"对话框改变软元件的状态,可以模拟显示输出对应状态,如图 2 - 13 所示。

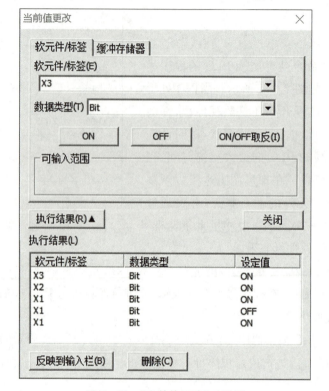

文本
软 PLC

图 2 - 13 "当前值更改"对话框

巩固与拓展

一、巩固自测

1. 工具栏上的工具 如何使用?

2. 程序的删除和插入有几种方式?

二、拓展任务

在 GX Works2 编程软件中输入如图 2 - 14 所示的梯形图,下载到 PLC 中,并利用软件的模拟开始/停止工具 对梯形图进行模拟调试(软元件状态 ON/OFF 可以自己设定)。

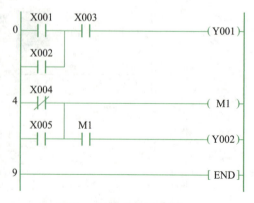

图 2 - 14 拓展任务梯形图

项目二　PLC技术应用入门

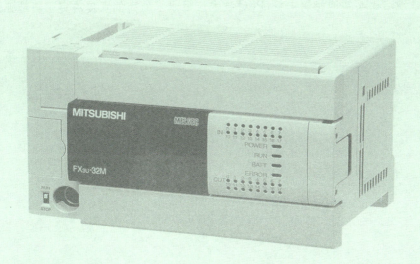

 **项目目标**

本项目以三菱 FX3U 系列 PLC 为样机,内容包括 PLC 的工作原理、内部软元件、常用指令、常用编程方法、简单控制系统的实现等。

知　识　目　标	技　能　目　标
(1) 了解 PLC 的工作原理及内部软元件。 (2) 掌握基本指令、步进指令及常用的功能指令。 (3) 掌握设计 PLC 控制系统的常用方法。	(1) 能熟练使用 PLC 编程指令。 (2) 能熟练使用 PLC 的软元件。 (3) 能利用 PLC 实现简单控制系统。

 项目引导

近年来,我国经济发达地区的人力成本急剧上升,为此大量有实力的企业纷纷启用工业自动化装备来替代成本日益增长的劳动力,提升企业竞争力,如引进工业机械手,改造自动化生产线等。这些工业自动化装备实际上是延伸人的体力和智力的新一代生产工具,也是工业自动化水平的体现,其核心技术之一就是 PLC 技术。

PLC 技术广泛地应用于汽车、粮食加工、化学制药、金属矿山、造纸等行业,可以说 PLC 是制造业名副其实的控制中枢,PLC 技术应用水平的高低直接决定了制造业的水平高低。

Task 3 任务三 PLC 实现电动机启停控制

 **任务目标**

（1）掌握电动机的点动和连续控制电路。

（2）用 PLC 进行对象控制时，能确定 I/O 点的分配，能正确接线。

（3）熟悉 PLC 软元件的应用，并掌握 PLC 的扫描工作过程。

任务描述

● 任务内容

电动机是拖动控制系统的主要控制对象，在工业控制中，被控对象有很多运行方式，点动、连续控制等。在一些工作条件下，只需要小容量的电动机进行单方向的连续运转就能满足要求，如小型通风机、水泵以及运输机等。图 3-1 所示为继电器-接触器实现电动机启停控制电路图，现要求采用 PLC 实现电动机启停控制。

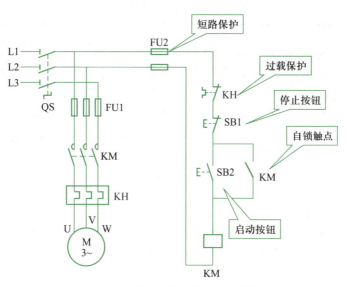

图 3-1 继电器-接触器实现电动机启停控制电路图

● 实施条件

教学做一体化教室,PLC实训装置(含 FX3U - 48MR PLC 基本单元),个人计算机(已安装 GX Works2 编程软件),电动机,电工常用工具若干,导线若干。

 任务实施

步骤一   准备工作。

通电检查实训装置是否正常,检查 PLC 与计算机的连接是否正常,置 PLC 于"STOP"状态。

步骤二   读懂继电器-接触器实现电动机启停控制电路图。

> **几点说明**
>
> 为解决电动机启动后,放开启动按钮 SB2,接触器线圈失电的问题,在启动按钮 SB2 两端并联接触器 KM 的辅助动合触点,以保证启动后,放开启动按钮 SB2,接触器线圈仍处于通电状态。这种自身触点的动合保证自身线圈不失电的控制称为自锁控制,该触点称为自锁触点。
>
> 电路中安装了熔断器和热继电器,具有短路保护和过载保护的功能。接触器自身具有欠压保护的作用,接触器与按钮配合使用,当突然断电时,自锁触点断开,故再次来电时,电动机不可能自行启动工作。该电路还具有欠压保护和失压保护的功能。

步骤三   设计 PLC 控制 I/O 分配表。

PLC 实现电动机启停控制 I/O 分配表见表 3 - 1。

表 3 - 1   PLC 实现电动机启停控制 I/O 分配表

类 别	元件	I/O 点编号	备 注
输 入	SB1	X0	停止按钮
	SB2	X1	启动按钮
	KH	X2	热继电器触点
输 出	KM	Y0	接触器

> **几点说明**
>
> (1) PLC 最初是用来取代继电器-接触器控制电路的。首先我们要求能用 PLC 来构成一个电动机启停控制电路,使其功能与继电器-接触器控制电路完全相同。由于该电气控制要求的控制点数少,选择三菱 FX3U 系列 PLC 基本单元即可。

（2）在控制电路中，热继电器触点、停止按钮、启动按钮属于控制信号，应作为 PLC 的输入量分配接线端子；而接触器线圈属于被控对象，应作为 PLC 的输出量分配接线端子。

步骤四　画出 I/O 硬件接线图。

根据表 3-1，得到如图 3-2 所示 PLC 实现电动机启停控制 I/O 硬件接线图。

视频

PLC 实现
启停控制
硬件接线

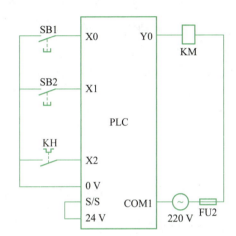

图 3-2　PLC 实现电动机启停控制 I/O 硬件接线图

几点说明

（1）在 PLC 的外接触点中，大部分按钮触点使用动合触点，少数触点（如急停按钮和过载保护触点）使用动断触点，有关外接动断触点的使用，在后文中具体介绍。

（2）PLC 的输出端子允许的额定电压为 220 V，因此需要将原电路图中接触器的线圈电压由 380 V 改为 220 V，以适应 PLC 的输出端子需要。

步骤五　设计任务程序。

根据图 3-1 中控制电路部分设计梯形图，如图 3-3 所示。

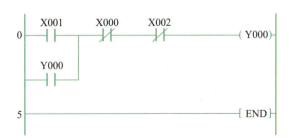

视频

PLC 实现
启停控制的
梯形图设计

图 3-3　PLC 实现电动机启停控制梯形图

几点说明

　　程序设计是指用户编写程序的设计过程,即以指令为基础,结合被控制对象的控制要求和现场信号情况,对照PLC的软元件,画出梯形图,进而写出指令表程序的过程。程序设计有许多种方法,从这些方法中掌握程序设计的技巧,这不是一件容易的事。编程人员需要熟练掌握程序设计的方法,在此基础上积累一定的编程经验,程序设计的技巧就自然形成了。

　　步骤六　下载程序。

启动GX Works2编程软件,将程序正确地输入并下载到PLC。

　　步骤七　运行程序,整体调试。

将PLC的运行方式置于"RUN"状态。小组成员按下SB1和SB2,观察电动机的运行情况,并记录运行结果。

　　步骤八　整理技术文件。

 任务检查与评价

根据学生在任务实验过程中的表现,客观予以评价,评价标准见表3-2。

表 3-2 评 价 标 准

一级指标	比例	二 级 指 标	比例	得分
电路设计及接线	20%	1. I/O点分配	5%	
		2. 设计硬件接线图	5%	
		3. 元件的选择	5%	
		4. 接线情况	5%	
程序设计与输入	40%	1. 程序设计	20%	
		2. 指令的使用	5%	
		3. 编程软件的使用	5%	
		4. 程序输入与下载	10%	
系统整体运行调试	30%	1. 正确通电	5%	
		2. 系统模拟调试	10%	
		3. 故障排除	15%	
职业素养与职业规范	10%	1. 设备操作规范性	2%	
		2. 材料利用率,接线及材料损耗	2%	
		3. 工具、仪器、仪表使用情况	2%	
		4. 现场安全、文明情况	2%	
		5. 团队分工协作情况	2%	
总　　计		100%		

一、继电器控制电路移植法

用 PLC 改造继电器控制系统时,继电器电路图与梯形图在表示方法和分析方法上有很多相似之处,因此可以根据继电器电路图设计梯形图,即将继电器控制电路转换为具有相同功能的 PLC 外部(I/O 硬件)接线图和梯形图,这就是继电器控制电路移植法。使用这种设计方法时应注意梯形图是 PLC 程序,是一种软件,而继电器控制电路是由硬件电路组成的,梯形图和继电器控制电路有本质的区别。

继电器控制电路移植法设计梯形图的步骤如下。

(1) 了解和熟悉被控设备的工艺过程和机械动作情况,根据继电器电路图分析和掌握控制系统的工作原理。

(2) 确定 PLC 的输入信号和输出负载,画出 PLC 外部接线图。

继电器电路图中的交流接触器和电磁阀等执行元件用 PLC 的输出继电器来控制,它们的线圈接在 PLC 的输出端。按钮、控制开关、接近开关和限位开关等用来给 PLC 提供控制命令和反馈信号,它们的触点接在 PLC 的输入端。继电器电路图中的中间继电器和时间继电器的功能用 PLC 内部的辅助继电器和定时器来完成,它们与 PLC 的输入、输出继电器无关。画出 PLC 的外部接线图后,同时也确定了 PLC 的各输入信号和输出负载对应的输入继电器和输出继电器的元件号。

(3) 确定与继电器电路图中的中间继电器、时间继电器对应的梯形图中的辅助继电器(M) 和定时器(T)的元件号。

(4) 根据上述对应关系画出 PLC 的梯形图。根据第(2)步和第(3)步建立了继电器电路图中硬件元件和梯形图中软元件之间的对应关系,将继电器电路图转换成对应的梯形图。

(5) 根据被控设备的工艺过程和机械动作情况以及梯形图编程的基本规则,优化梯形图,并写出其对应的指令表程序。

二、继电器控制电路与梯形图

图 3-1 和图 3-3 所示为继电器电路图和相应的梯形图,比较两图可以看出,梯形图与继电器电路图很相似,都是用图形符号连接而成的,这些符号与继电器电路图中的动断触点、并联连接、串联连接、继电器线圈等是对应的,每一个触点和线圈都对应一个软元件,见表 3-3。梯形图具有形象、直观、易懂的特点,很容易被熟悉继电器控制的电气人员掌握。

表 3-3　继电器电路图符号与梯形图符号对照表

符号名称	继电器电路图符号		梯形图符号
动合触点			─┤├─
动断触点			─┤╱├─
线圈部分		▯	─( )─ 或 ─◯─

继电器控制系统的硬接线逻辑电路与 PLC 控制程序有极为相似的外形特征,但 PLC 控制系统中的输入回路与输出回路在电气上是完全隔离的。此外,在 PLC 控制系统的输入回路中,总是更多地使用动合型控制按钮或触点。

几点说明

梯形图与继电器电路图有许多类似之处。同时,由于 PLC 结构、工作原理与继电器控制系统截然不同,梯形图与继电器电路图两者之间又存在着许多差异。

(1) 梯形图是按从上到下的顺序绘制的,两侧的竖线类似于继电器电路图的电源线,通常称作母线(有的时候只画左母线)。两母线之间是内部继电器动合触点、动断触点以及继电器线圈或功能指令组成的一条条平行的逻辑行(或称梯级),每个逻辑行必须以触点与左母线连接开始,以线圈或功能指令与右母线连接结束。

(2) 继电器电路图中的左、右母线为电源线,中间各支路都加有电压,当支路接通时,有电流流过支路上的触点与线圈。而梯形图的左、右母线并未加电压,梯形图中的支路接通时,并没有真正的电流流动,只是为分析方便的一种假想的"电流",且只能从左向右流动。

(3) 梯形图中使用的各种器件(即软元件),如输入继电器、输出继电器、定时器、计数器等,是按照继电器电路图中相应的名称称呼的,并不是真实的电器器件(即硬件继电器)。梯形图中的每个触点和线圈均与 PLC 存储器中的一个存储单元相对应,若该存储单元为"1",则表示动合触点闭合(动断触点断开)或线圈通电;若为"0",则表示动合触点断开(动断触点闭合)或线圈断电。

(4) 梯形图中输入继电器的状态唯一地取决于对应输入电路中输入信号的通断状态,与程序的执行无关。因此,在梯形图中输入继电器不能被程序驱动,即不能出现输入继电器的线圈。

(5) 梯形图中辅助继电器相当于继电器电路图中的中间继电器,是用来保存运算的中间结果的,不对外驱动外部负载,外部负载只能由输出继电器来驱动。

(6) 梯形图中各软元件的触点既可动合,又可动断,其动合、动断触点的数量是无限的(也不会损坏),梯形图程序设计时需要多少就使用多少,但 PLC 输入、输出继电器的硬触点是有限的,需要合理分配使用。

（7）继电器控制线路中，当电源接通时，线路中各继电器都处于受制状态，即应吸合的继电器都同时吸合，不应吸合的继电器都因受某种条件限制不能吸合；而在梯形图的控制线路中，图中各软继电器处于周期性循环扫描控制中，受同一条件制约的各个继电器的动作次序决定于程序中控制这些继电器的顺序。

（8）梯形图修改方便，适应性强。继电器控制电路一旦构成，功能单一，修改困难。

三、PLC软元件 X、Y、M

在 PLC 内部，有许多功能不同的元件，这些元件采用类似继电器控制电路的命名方法。实际上这些元件是由电子电路和存储器组成的，由于只注重其功能，因此按元件的功能命名。例如，输入继电器 X、输出继电器 Y、定时器 T、计数器 C、辅助继电器 M、状态继电器 S、数据寄存器 D、变址寄存器 V/Z 等。这些都并非实际的物理元件，是 PLC 的"软元件"，对应的是计算机的存储单元。

需要特别指出的是，每个元件都有确定的编号（即元件号），不同厂家、甚至同一厂家的不同型号的 PLC，其软元件的数量和种类都不一样。

三菱 FX3U 系列 PLC 编程元件的名称由两部分组成：前面是代表元件性质类型的英文字母，后面是代表元件序号的数字，以区别同一类元件的不同个体。

这里提醒读者注意，PLC 的编程元件编号通常分为两种情况：一是同一类元件性质完全相同，在编程时，只要在本元件允许的点数范围内，就可使用任一编号；二是同一类元件性质不完全相同，则在使用过程中要特别注意区分不同编号范围。

1. 输入继电器 X

输入继电器是 PLC 接收外部开关信号的窗口，PLC 接线端子的每个接线点均对应一个输入继电器。图 3-4 所示为 PLC 控制系统示意图。PLC 的一个输入端子对应一个输入继电器，输入继电器是 PLC 接收外部开关量信号的窗口。在梯形图中，输入继电器 X 只有动合、动断触点的形式，不会出现线圈。可以认为输入继电器 X 触点的动作直接由机外条件决定，并且作为 PLC 其他编程元件线圈的工作条件（输入条件）。在梯形图中，输入继电器有无限多个的动合触点和动断触点，可以多次使用。

FX3U 系列 PLC 的输入继电器采用八进制编号，其数量随型号不同而不等，如 X000～X007，X010～ X017，…，X360～X367（写成 X0～X7，X10～X17，…，X360～X367，也是允许的）。FX3U 系列 PLC 的输入继电器的分配区间为 X000～X367，共 248 点。

2. 输出继电器 Y

输出继电器与 PLC 的输出端子相连，是 PLC 向外部负载发送信号的窗口。PLC 的

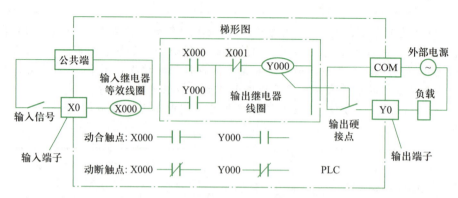

图 3-4　PLC 控制系统示意图

一个输出端子对应一个输出继电器，PLC 通过它驱动输出负载或下一级电路，它反映了 PLC 程序执行的结果。输出继电器的线圈必须由程序驱动，不能直接接在左母线上，它的动合、动断触点可用作其他元件的工作条件。在梯形图中，每一个输出继电器的动合触点和动断触点都有无限多个，可以多次使用。

另外，输出继电器的状态是随机的，没有掉电保持功能。比如，原为"1"的某输出继电器，当 PLC 停电后再通电时，此输出继电器的值已变为"0"。

FX3U 系列 PLC 的输出继电器也采用八进制编号，其数量随型号不同而不等，如 Y000～Y007，Y010～Y017，…，Y360～Y367（写成 Y0～Y7，Y10～Y17，…，Y360～Y367，也是允许的）。FX3U 系列 PLC 的输出继电器的分配区间为 Y000～Y367，共 248 点。FX3U 系列 PLC 输入继电器和输出继电器的总点数不超过 384 点。

所有编程元件只有输入继电器和输出继电器采用八进制编号，其他元件均采用十进制编号。输出继电器具有线圈、动合触点、动断触点三种形式，线圈表示程序运行的结果或要完成的任务。

表 3-4 中列出了 FX3U 系列 PLC 的输入、输出继电器元件号。

表 3-4　FX3U 系列 PLC 的输入、输出继电器元件号

型　号	FX3U-16M	FX3U-32M	FX3U-48M	FX3U-64M	FX3U-80M	扩展
输入 X	X0～X7 8 点	X0～X17 16 点	X0～X27 24 点	X0～X37 32 点	X0～X47 40 点	X0～X367 248 点
输出 Y	Y0～Y7 8 点	Y0～Y17 16 点	Y0～Y27 24 点	Y0～Y37 32 点	Y0～Y47 40 点	Y0～Y367 248 点

3. 辅助继电器 M

辅助继电器是 PLC 的一种典型机内软元件，它不能直接接收外部的输入信号，也不能直接驱动外部负载。它在 PLC 中的作用相当于继电器-接触器控制系统中的中间继电器，只是辅助继电器的触点在程序中可以无数次使用，而中间继电器的触点是有限的。另

外,辅助继电器的线圈和输出继电器的相同,是通过PLC的各种软元件的触点来驱动的。在FX系列PLC中,辅助继电器元件编号采用十进制编号,一般有以下三类。

(1)一般型辅助继电器

一般型辅助继电器的主要用途是信号传递和放大,实现多路同时控制,起到中间转换的作用。它具有线圈和触点两种形式,与输出继电器相似,其线圈只能由程序驱动,其触点是内部触点,可在程序中无数次使用。一般型辅助继电器没有断电保持功能,如果在PLC运行时电源突然中断,一般型辅助继电器将变为OFF,这一点与输出继电器相同。

FX3U系列PLC的一般型辅助继电器的分配区间为M0~M499,共500点。

(2)掉电保持型辅助继电器

掉电保持型辅助继电器具有记忆功能,即PLC外部电源停电后,由机器内部锂电池为某些特殊工作单元供电,将掉电保持型辅助继电器在停电前的状态保存下来,PLC再通电时,这些辅助继电器的状态与停电前一样。

FX3U系列PLC掉电保持型辅助继电器的分配区间为M500~M7679,共7180点。其中M500~M1023区间可以通过参数单元设置为一般型辅助继电器。

(3)特殊辅助继电器

与一般型辅助继电器不同,特殊型辅助继电器常用在程序设计的一些特定场合,根据具体要求而被选用。FX3U系列PLC特殊辅助继电器的分配区间为M8000~M8511,每一个元件都有其特定的功能,在使用这类元件时要特别注意。使用方式可分为以下两种。

① 触点利用型

这种辅助继电器在用户程序中只使用其触点,不能出现它们的线圈(线圈由PLC自行驱动),这类元件常用作时基、状态标志或专用控制出现在程序中。如:

M8000:PLC运行标志。

M8002:初始脉冲。

M8005:锂电池电压降低指示。

M8011～M8014:10 ms,100 ms,1 s和1 min时钟脉冲。

触点利用型波形示意图如图3-5所示。

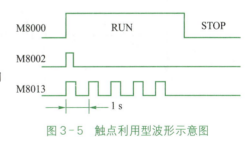

图3-5　触点利用型波形示意图

② 线圈利用型

由用户程序驱动其线圈,使PLC执行特定的操作,用户不使用它们的触点。如M8030的线圈通电后,电池电压降低,发光二极管熄灭;M8033的线圈通电时,PLC进入"STOP"状态后,所有输出继电器的状态保持不变;M8034的线圈通电时,禁止所有输出;M8039的线圈通电时,PLC以D8039中指定的扫描时间工作等。

注意未定义的特殊辅助继电器不可在用户程序中使用。其他特殊辅助继电器的功能可查看三菱公司相关产品手册。

四、LD、LDI 与 OUT 指令

FX 系列 PLC 指令分为三类,即基本逻辑指令、顺控指令和功能指令(应用指令)。基本逻辑指令是 PLC 最基础的编程语言,掌握了基本逻辑指令也就初步掌握了 PLC 的使用方法。PLC 生产厂家众多,其梯形图的形式有所不同,指令系统也不一样,三菱 FX3U 系列 PLC 的基本逻辑指令有 29 条。

下面以 FX3U 系列 PLC 为例,在不同的任务中,说明指令的含义、梯形图与指令的对应关系。

LD,取指令,表示一个与左母线相连的动合触点指令,即动合触点逻辑运算起始。

LDI,取反指令,表示一个与左母线相连的动断触点指令,即动断触点逻辑运算起始。

OUT,线圈驱动指令,也叫输出指令。

LD、LDI 两条指令的目标元件是 X、Y、M、S、T、D□.b、C(后面四个软元件将在后续任务中学习),用于将触点接到母线上,另外,可以与后述的 ANB、ORB 指令组合,在分支起点处也可使用。

OUT 是驱动线圈的输出指令,它的目标元件是 Y、M、S、T、D□.b、C,对输入继电器 X 不能使用。OUT 指令可以连续使用多次。

OUT 指令的目标元件如果是定时器 T 和计数器 C,必须设置常数 K。LD、LDI 是一个程序步指令,这里的一个程序步是一个字;OUT 是多程序步指令,要视目标元件而定,目标元件为 Y、M 时占用 1 步,为 T 时占用 3 步,为 C 时占用 3～5 步。LD、LDI、OUT 梯形图和指令表用法如图 3-6 所示。

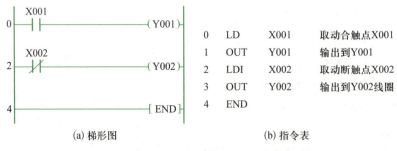

(a) 梯形图　　　　　　　　　　　(b) 指令表

图 3-6　LD、LDI、OUT 梯形图和指令表用法

OUT 指令使用后,通过对其他线圈使用 OUT 指令称为连续输出,如图 3-7b 中的"OUT Y003",只要按照正确的次序设计电路,可以重复使用连续输出。

五、AND 与 ANI 指令

AND,与指令,用于单个动合触点的串联。

ANI,与非指令,用于单个动断触点的串联。

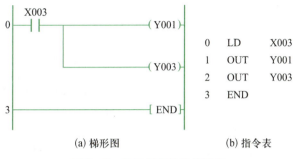

(a) 梯形图　　　　　(b) 指令表

图 3-7　OUT 指令的连续输出

AND 与 ANI 都是一个程序步指令,串联触点的个数没有限制,也就是说这两条指令可以重复使用。这两条指令的目标元件是 X、Y、M、S、T、D□.b 、C。AND 和 ANI 的梯形图和指令表用法如图 3-8 所示。

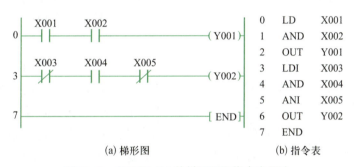

(a) 梯形图　　　　　(b) 指令表

图 3-8　AND 和 ANI 的梯形图和指令表用法

六、OR 与 ORI 指令

OR,或指令,用于单个动合触点的并联。

ORI,或非指令,用于单个动断触点的并联。

OR 与 ORI 指令都是一个程序步指令,它们的目标元件是 X、Y、M、S、T、D□.b、C。这两条指令都是并联一个触点。需要两个以上触点串联,并将串联电路块与其他电路块并联连接时,要用后述的 ORB 指令。

OR、ORI 是从该指令的当前步开始,与前面的 LD、LDI 指令并联连接。并联次数无限制。OR、ORI 梯形图和指令表用法如图 3-9 所示。

> **几点说明**
> (1) 以上 7 条指令目标元件中的 D□.b 只适用于 FX3U 系列 PLC。
> (2) 对于 FX3U 系列 PLC,以上 7 条指令均可以执行变址操作。使用这些指令时请注意型号区别。

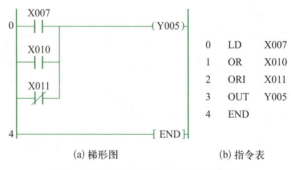

(a) 梯形图　　　　　　　(b) 指令表

图 3-9 OR、ORI 梯形图和指令表用法

七、PLC 运行控制的实现

PLC 是如何实现电动机的启停控制的呢？首先，来看看 PLC 的工作原理。

图 3-10 扫描过程

PLC 采用循环扫描的工作方式。扫描过程如图 3-10 所示。

PLC 有运行（RUN）与停止（STOP）两种状态。当置于"STOP"状态时，PLC 只进行内部处理和通信操作等，一般用于程序的写入与修改。当处于"RUN"状态时，PLC 除了要进行内部处理、通信操作之外，还要执行反映控制要求的用户程序，即进行输入处理、程序执行、输出处理。并且，PLC 为了使输出及时地响应随时可能变化的输入信号，用户程序不是只执行一次，而是不断地重复执行，直至 PLC 停机或切换到"STOP"状态为止。PLC 的这种周而复始的循环工作方式称为扫描工作方式。由于 PLC 执行指令的速度极高，从外部输入、输出关系来看，处理过程似乎是同时完成的。扫描过程如下。

（1）内部处理阶段

在内部处理阶段，PLC 首先诊断自身硬件是否正常，然后将监控定时器复位，并完成一些其他内部工作。

（2）通信操作阶段

在通信操作阶段，PLC 要与其他的智能装置进行通信，如响应编程器键入的命令、更新编程器的显示内容。

当 PLC 处于"STOP"状态时，只执行（1）（2）两个阶段；当 PLC 处于"RUN"状态时，还要完成另外三个阶段。图 3-11 所示为 PLC 执行程序的过程。

（3）输入处理阶段

输入处理又叫输入采样。在 PLC 的存储器中，设置了一片区域用来存放输入、输出信号的状态，称为输入映像区和输出映像区；PLC 的其他软元件也有对应的映像存储区，

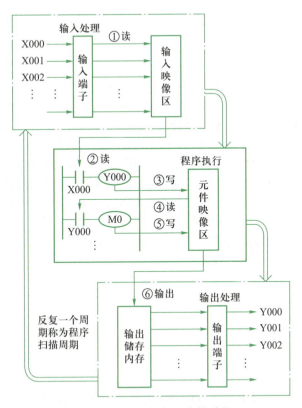

图 3-11　PLC 执行程序的过程

统称为元件映像区。

　　PLC 在程序执行前，会顺序将所有输入端子的 ON/OFF 状态读入输入映像区中，此时，输入映像区被刷新。接着进入程序执行阶段，在程序执行时，输入映像区与外界隔离，即使输入信号发生变化，输入映像区的内容也不会发生变化，只有在下一个扫描周期的输入处理阶段才能被读入。

　　（4）程序执行阶段

　　程序执行又叫程序处理。PLC 根据程序内存中的指令内容，从输入映像区和元件映像区中读入各软元件的 ON/OFF 状态，然后从 0 步依次开始计算，逐行逐句扫描，执行程序，并将每次得出的结果写入元件映像区。因此，元件映像区中所寄存的内容，会随着程序执行过程而变化。

　　此外，输出继电器的内部触点根据输出映像区的内容执行动作。

　　（5）输出处理阶段

　　输出处理又叫输出刷新。在输出处理阶段，PLC 将输出映像区的 ON/OFF 状态传送到输出储存内存，再经输出单元隔离和功率放大后送到输出端子，这个就作为 PLC 的实际输出。如程序中某一输出继电器的线圈"通电"时，对应的输出映像区为 ON 状态，在输出处理阶段之后，输出单元中对应的继电器线圈通电或晶体管、可控硅元件导通，外部负载通电工作。反之,外部负载断电,停止工作。

> **几点说明**
>
> 　　(1) 扫描工作方式是 PLC 的一大特点,也可以说 PLC 是"串行"工作的,这和传统的继电器控制系统"并行"工作有质的区别,PLC 的串行工作方式避免了继电器控制系统中触点竞争和时序失配的问题。
>
> 　　(2) 由于 PLC 是循环扫描工作的,在程序执行阶段即使输入信号的状态发生了变化,输入映像区的内容也不会变化,要等到下一周期的输入处理阶段才能改变。暂存在输出映像区中的输出信号要等到一个循环周期结束,PLC 集中将这些输出信号全部输送给输出储存内存后才能对外起作用。由此可以看出,全部输入、输出状态的改变,需要一个扫描周期。
>
> 　　(3) 扫描周期是 PLC 的重要指标之一,其典型值约为 $1\sim100$ ms。扫描周期的长短取决于扫描速度和用户程序的长短。

巩固与拓展

一、巩固自测

　　1. 如图 3-12 所示,讨论并分析辅助继电器 M1、M2 的作用。

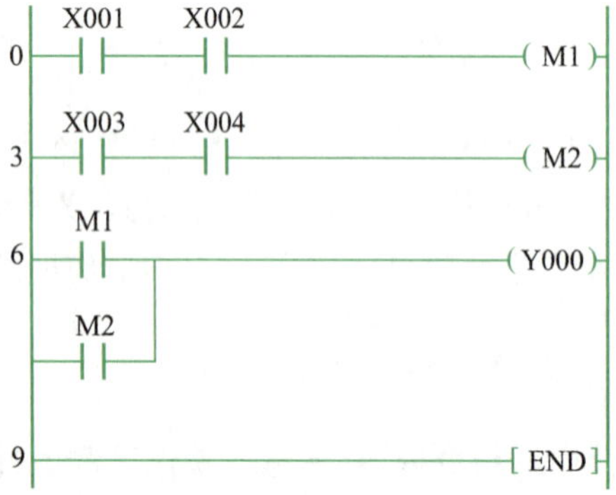

图 3-12　题 1 梯形图

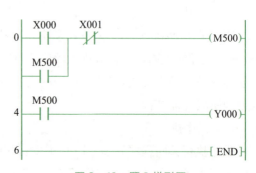

图 3-13　题 2 梯形图

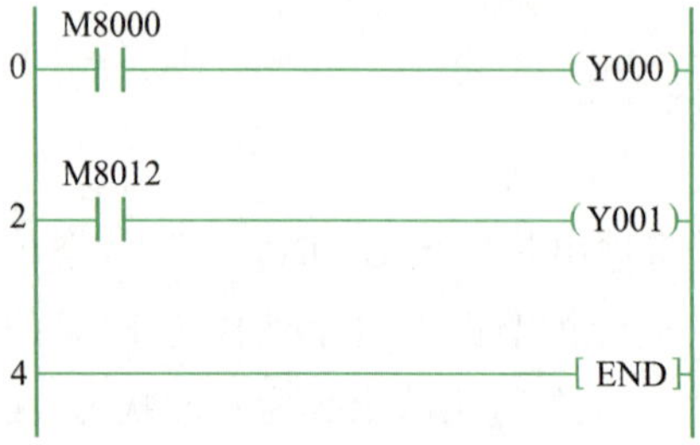

　　2. 如图 3-13 所示,M500 已经接通,如果临时停电再通电,讨论 Y000 处于什么状态。

　　3. 输入如图 3-14 所示的梯形图并下载到 PLC 中,在实训装置中将 Y000 和 Y001 接上指示灯,观察指示灯的亮灭情况,并分析。

图 3-14　题 3 梯形图

二、拓展任务

1. 试设计一个梯形图,要求按下按钮 SB1(对应 PLC 输入端子 X1)后,指示灯 L(对应 PLC 输出端子 Y1)持续亮;按下按钮 SB2(对应 PLC 输入端子 X2)后,指示灯 L 熄灭。试编写相应的程序,并将其下载到 PLC 中执行,确认其动作。

2. 图 3 - 15 所示为一个能停四辆车的停车场示意图,假定当位置 1 上有停车时,PLC 的输入端子开关(X1)接通,同样,当位置 2、3、4 上有停车时,对应的输入开关(X2、X3、X4)变成 ON 状态。

试设计满足下列条件的梯形图:当某位置有停车时,对应的指示灯(Y1、Y2、Y3、Y4)亮;当四个位置都有停车时,"车位已满"指示灯(Y5)亮。

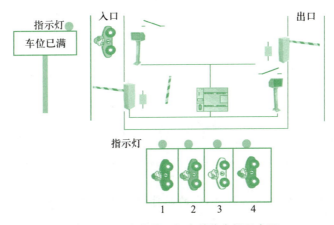

图 3 - 15　一个能停四辆车的停车场示意图

3. 如图 3 - 16 所示,在单人管理公共汽车上设有下车用按钮 SB1、SB2、SB3。当乘客要下车时,只要按下任意一个按钮,就会使驾驶席旁的指示灯 SL 亮,司机就会停车,事后司机再按下复位用按钮 SB4 使指示灯熄灭。试设计满足上述条件的梯形图。

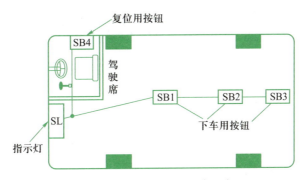

图 3 - 16　单人管理公共汽车示意图

4. 图 3-17 所示为电动机点动和连续复合控制的电路图,现要求改用 PLC 实现其控制。

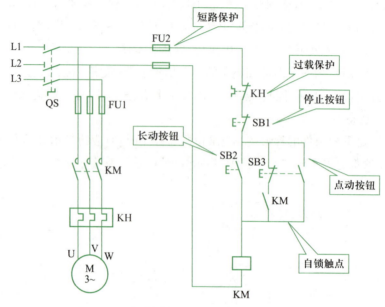

图 3-17 电动机点动和连续复合控制的电路图

几点说明

图 3-17 中,SB3 为复合按钮,它的两对触点的动作先后次序是由其机械上的结构决定的,即按下按钮时动断触点先断开,动合触点后闭合。松开按钮时,动合触点先复位断开,动断触点后复位闭合。复合按钮结构示意图如图 3-18 所示。

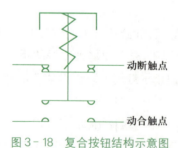

图 3-18 复合按钮结构示意图

Task 4 任务四 | PLC 实现电动机正反转控制

 任务目标

(1) 掌握电动机的正反转控制电路。

(2) 用 PLC 进行对象控制时，能确定 I/O 点的分配，能正确接线。

(3) 学会用继电器控制电路移植法设计梯形图，并熟悉 PLC 的编程规则和技巧。

 任务描述

● 任务内容

生产设备常常要求具有上下、左右、前后、正反方向的运动，如机床工作台的前进与后退、机床主轴的正转与反转、升降机的上升与下降等，这些都要求电动机能实现正反转控制。电动机正反转的实现方法为：改变通入电动机定子绕组的三相电源相序，即把接入电动机的三相电源进线中的任意两根对调，电动机即从正转变为反转。图 4-1

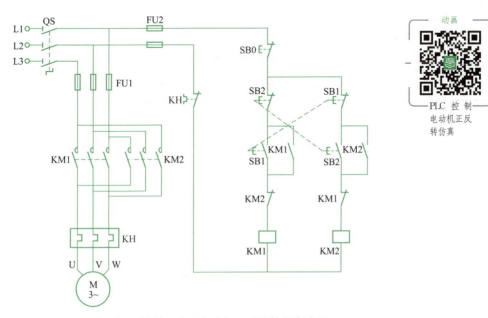

动画

PLC 控 制
电动机正反
转仿真

图 4-1 继电器-接触器实现电动机正反转控制电路图

为继电器-接触器实现电动机正反转控制电路图,现要求采用 PLC 实现电动机正反转控制。

● 实施条件

教学做一体化教室,PLC 实训装置(含 FX3U - 48MR PLC 基本单元),个人计算机(已安装 GX Works2 编程软件),电动机,电工常用工具若干,导线若干。

 任务实施

步骤一 准备工作。

通电检查实训装置是否正常,检查 PLC 与计算机的连接是否正常,置 PLC 于"STOP"状态。

步骤二 读懂继电器-接触器实现电动机正反转控制电路图。

几点说明

为保证电动机正反转控制可靠工作,在控制电路中,将 KM1、KM2 正反转接触器的动断触点串接在对方线圈电路中,形成相互制约的控制,这种相互制约关系称为互锁控制。互锁控制用于"当要求甲接触器工作时乙接触器不能工作,而乙接触器工作时甲接触器不能工作"的场所。

另外在电路中还增设了启动按钮的互锁,构成具有电气、按钮互锁(也称机械互锁)的控制电路,该电路的优点是正反转可以直接切换,不必再去按停止按钮,从而使操作变得方便。

步骤三 设计 PLC 控制 I/O 分配表。

PLC 实现电动机正反转控制 I/O 分配表见表 4 - 1。

表 4 - 1 PLC 实现电动机正反转控制 I/O 分配表

类　别	元件	I/O 点编号	备　注
输　入	SB0	X0	停止按钮
	SB1	X1	正转按钮
	SB2	X2	反转按钮
	KH	X3	热继电器触点
输　出	KM1	Y1	正转接触器
	KM2	Y2	反转接触器

步骤四 画出 I/O 硬件接线图。

根据表 4 - 1,得到如图 4 - 2 所示 PLC 实现电动机正反转控制 I/O 硬件接线图。

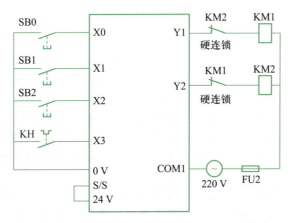

图4-2　PLC实现电动机正反转控制I/O硬件接线图

几点说明

　　在PLC的输出规范与外部配线要求中,特别强调,对于同时接通有危险的正反转接触器等负载的情况,除了用PLC内部程序联锁之外,还一定要有PLC外部联锁。在工程上,通常把PLC内部程序联锁称为软联锁,把PLC外部联锁称为硬联锁。

步骤五　设计任务程序。

PLC实现电动机正反转控制梯形图如图4-3所示。

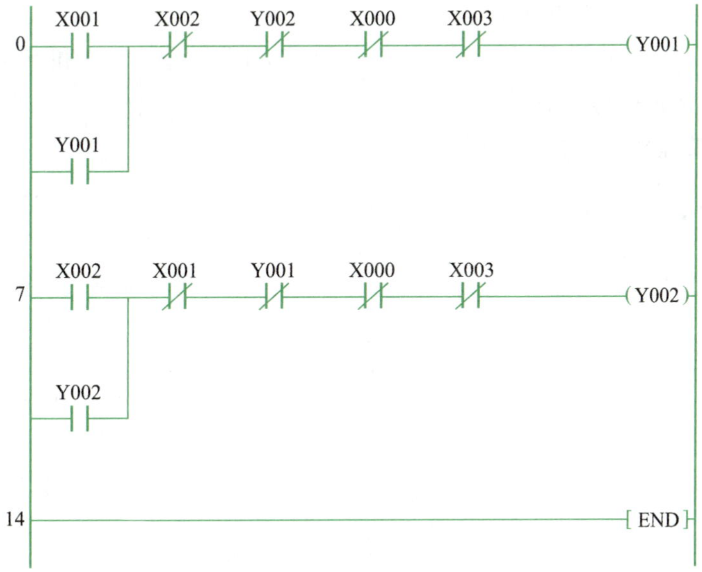

图4-3　PLC实现电动机正反转控制梯形图

几点说明

　　从图4-2和图4-3中可以看出,按下正转按钮SB1,使与之相连的输入继电器X1的状态为"**1**",梯形图中X1的动合触点闭合,该闭合触点与后继X0和X3等的动断触点驱使输出继电器Y1的状态为"**1**",同时Y1的动合触点闭合形成自锁,即KM1线圈通电并自锁,接通正序电源,电动机正转。

　　按下反转启动按钮SB2,使与之相连的输入继电器X2的状态为"**1**",梯形图中X2的动合触点闭合,该闭合触点与X0和X3等的动断触点驱使输出继电器Y2的状态为"**1**",同时Y2的动合触点闭合形成自锁,即KM2线圈通电并自锁,接通反序电源,电动机反转。

　　在电动机正转时,由于在反转电路中串接了X1和Y1的动断触点,所以SB1不仅是电动机正转的启动按钮,也是使电动机停止反转的按钮;同理可知SB2是电动机反转的启动按钮,也是使电动机停止正转的按钮,这样的设计称为互锁(软互锁),可以保证电动机同一时间只有正、反序电源中的一种,保护电动机不被烧坏。

　　按下与X0相连接的按钮SB0时,使与之相连的输入继电器X0的状态为"**1**",梯形图中X0的动断触点断开,使电动机正、反转电路全部断开,起到停止按钮的作用。

　　虽然在梯形图中已经有了软继电器的互锁触点,但在外部硬件输出电路中还必须使用KM1和KM2的动断触点进行硬互锁。因为PLC内部软继电器互锁只相差一个扫描周期,而外部硬件接触器触点的断开时间往往大于一个扫描周期,来不及响应。例如,Y1虽然断开,KM1的触点可能还未断开,在没有外部硬件互锁的情况下,KM2的触点可能接通,引起主电路短路。因此,必须采用软硬件双重互锁。

　　步骤六　下载程序。

　　启动GX Works2编程软件,将程序正确地输入并下载到PLC。

　　步骤七　运行程序,整体调试。

　　将PLC的运行方式置于"RUN"状态。小组成员按下SB0、SB1和SB2,观察电动机的运行情况,并记录运行结果。

　　步骤八　整理技术文件。

 任务检查与评价

　　根据学生在任务实验过程中的表现,客观予以评价,评价标准见表4-2。

表4-2　评价标准

一级指标	比例	二级指标	比例	得分
电路设计及接线	20%	1. I/O点分配	5%	
		2. 设计硬件接线图	5%	
		3. 元件的选择	5%	
		4. 接线情况	5%	

续　表

一级指标	比例	二　级　指　标	比例	得分
程序设计与 输入	40%	1. 程序设计	20%	
		2. 指令的使用	5%	
		3. 编程软件的使用	5%	
		4. 程序输入与下载	10%	
系统整体 运行调试	30%	1. 正确通电	5%	
		2. 系统模拟调试	10%	
		3. 故障排除	15%	
职业素养与 职业规范	10%	1. 设备操作规范性	2%	
		2. 材料利用率,接线及材料损耗	2%	
		3. 工具、仪器、仪表使用情况	2%	
		4. 现场安全、文明情况	2%	
		5. 团队分工协作情况	2%	
总　　计		100%		

 知识链接

一、自锁与互锁

1. 自锁

在 PLC 控制程序的设计中,经常要对脉冲输入信号或者是点动按钮输入信号进行保持,这时常采用自锁电路。自锁电路的基本形式如图 4-4 所示。将输入触点(X1)与输出线圈的动合触点(Y1)并联,这样一旦有输入信号(超过一个扫描周期),就能保持(Y1)有输出。要注意的是,自锁电路必须有解锁设计,一般在并联之后采用某一动断触点作为解锁条件,如图 4-4 中的动断触点 X0。

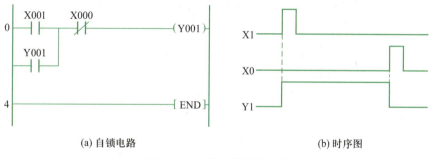

(a) 自锁电路　　　　　　　　　　　　(b) 时序图

图 4-4　自锁电路基本形式

2. 互锁

互锁电路,有时也叫优先电路,是指两个输入信号中先到信号取得优先权,后者无效。例如在抢答器程序设计中的抢答优先,又如防止控制电动机的正、反转按钮同时按下的保护电路。图4-5所示为优先电路举例。图中X0先接通,M10线圈接通,则Y0线圈有输出;同时,由于M10的动断触点断开,X1输入再接通时,则无法使M11动作,Y1无输出。若X1先接通,情况正好相反。

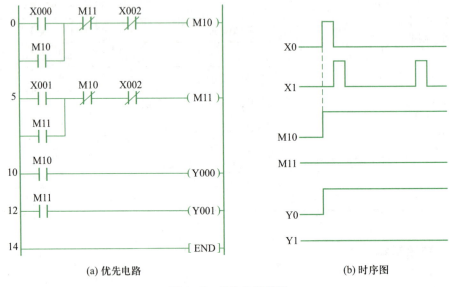

(a) 优先电路　　　　　　　　　　　　　　(b) 时序图

图4-5　优先电路举例

但该电路存在一个问题：X0或X1输入后,M10或M11由于自锁和互锁的作用将永远接通。因此,该电路一般要在输出线圈前串联一个用于解锁的动断触点,如图4-5a中的动断触点X2。

二、梯形图编程规则

梯形图作为PLC程序设计的一种最常用的编程语言,被广泛应用于工程现场的系统设计。为更好地使用梯形图语言,下面介绍梯形图编程的一些基本规则。

1. 线圈不能重复使用

在同一个梯形图中,如果同一元件的线圈使用两次或多次,这时前面的输出线圈对外输出无效,只有最后一次的输出线圈有效,所以,程序中一般不出现双线圈输出,故如图4-6a所示的梯形图必须改为如图4-6b所示的梯形图。

2. 线圈右边无触点

梯形图中每一逻辑行从左到右排列,以触点与左母线连接开始,以线圈、功能指令与右母线(允许省略右母线)连接结束。触点不能接在线圈的右边,线圈也不能直接与左母

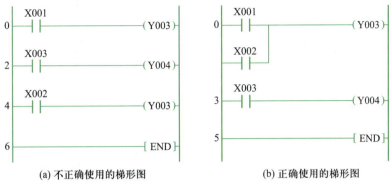

(a) 不正确使用的梯形图　　　　　(b) 正确使用的梯形图

图 4-6　梯形图基本规则 1

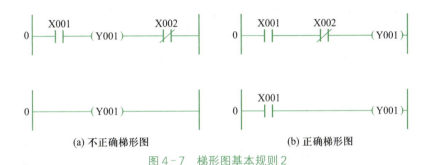

(a) 不正确梯形图　　　　　(b) 正确梯形图

图 4-7　梯形图基本规则 2

线连接,必须通过触点连接,如图 4-7 所示。

3. 对桥渡回路不能编程序

触点应画在水平线上,不能画在垂直线上。图 4-8a 所示梯形图中的触点 X3 被画在垂直线上,很难正确地识别它与其他触点的逻辑关系,因此,应根据其逻辑关系改为如图 4-8b 所示的梯形图。

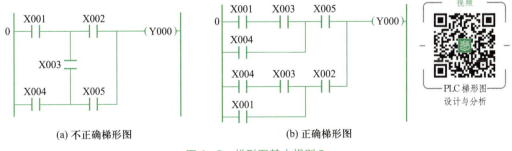

(a) 不正确梯形图　　　　　(b) 正确梯形图

视频

PLC 梯形图设计与分析

图 4-8　梯形图基本规则 3

4. 触点可串可并无限制

触点可用于串行电路,也可用于并行电路,且使用次数不受限制,所有输出继电器也都可以作为辅助继电器使用。

5. 多个线圈可并联输出

两个或两个以上的线圈可以并联输出,但不能串联输出,如图 4-9 所示。

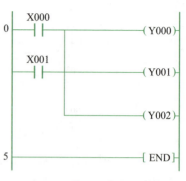

图 4-9　梯形图基本规则 4

三、ORB 与 ANB 指令

FX3U 系列 PLC 基本逻辑指令有 29 条,继续学习其基本逻辑指令。

1. ORB 指令

ORB,串联电路块的并联指令。两个或两个以上的触点串联连接的电路称为串联电路块。串联电路块并联连接时,分支起点用 LD、LDI 指令,分支结束用 ORB 指令。ORB 指令与后述的 ANB 指令均为无目标元件指令,而两条无目标元件指令的步长都为 1 个程序步。ORB 指令亦称块或指令,ORB 指令的梯形图和指令表如图 4-10 所示。

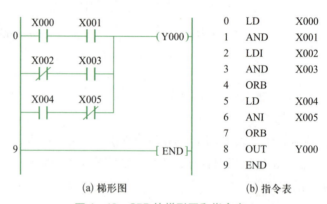

(a) 梯形图　　　　　　　(b) 指令表

图 4-10　ORB 的梯形图和指令表 1

几点说明

ORB 指令的使用方法有两种,一种是在要并联的每个串联电路块后加 ORB 指令(分散使用),如图 4-10b 所示;另一种是集中使用 ORB 指令,如图 4-11b 所示。对于前者分散使用 ORB 指令时,并联的电路块个数没有限制;但对于后者集中使用 ORB 指令时,电路块并联的个数不能超过 8 个(即重复使用 LD、LDI 指令的次数最多 8 次),所以不推荐用后者编程。

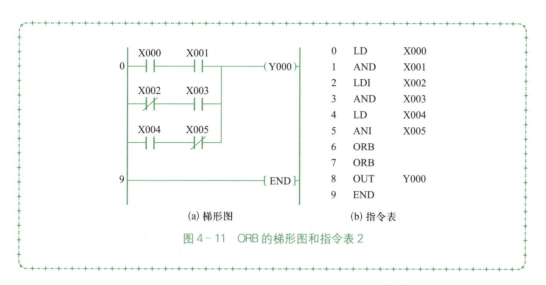

(a) 梯形图　　　　　(b) 指令表

图 4-11　ORB 的梯形图和指令表 2

2. ANB 指令

ANB,并联电路块的串联指令。两个或两个以上触点并联的电路称为并联电路块,分支电路并联电路块与前面电路串联时,使用 ANB 指令。分支起点用 LD、LDI 指令,并联电路块结束后,使用 ANB 指令,与前面电路串联。

ANB 指令亦称块与指令,无操作目标元件,是一个程序步指令。ANB 指令的梯形图和指令表如图 4-12 所示。

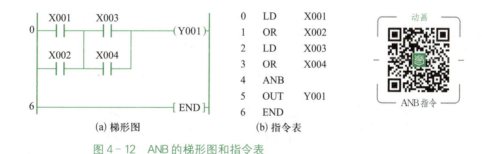

(a) 梯形图　　　　　(b) 指令表

图 4-12　ANB 的梯形图和指令表

几点说明

(1) 与 ORB 指令相似,ANB 指令分散使用时,次数不限;如果集中使用,则使用次数不能超过 8 次。

(2) 具体编写程序时,特别是在对程序步数有严格要求的场合,建议通过调整软元件的位置,少用或尽量不用 ANB、ORB 指令,以达到减少程序步数的目的。

(3) 简化程序的技巧 1:串联电路左右位置可调时,应将单个触点放在右边,如图 4-13 和图 4-14 所示。

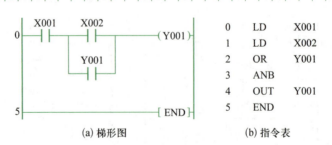

(a) 梯形图

0	LD	X001
1	LD	X002
2	OR	Y001
3	ANB	
4	OUT	Y001
5	END	

(b) 指令表

图 4-13 带串联块的梯形图和指令表

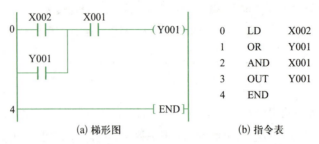

(a) 梯形图

0	LD	X002
1	OR	Y001
2	AND	X001
3	OUT	Y001
4	END	

(b) 指令表

图 4-14 简化后的带串联块的梯形图和指令表

(4) 简化程序的技巧 2：并联电路上下位置可调时，应将单个触点的支路放下面，如图 4-15 和图 4-16 所示。

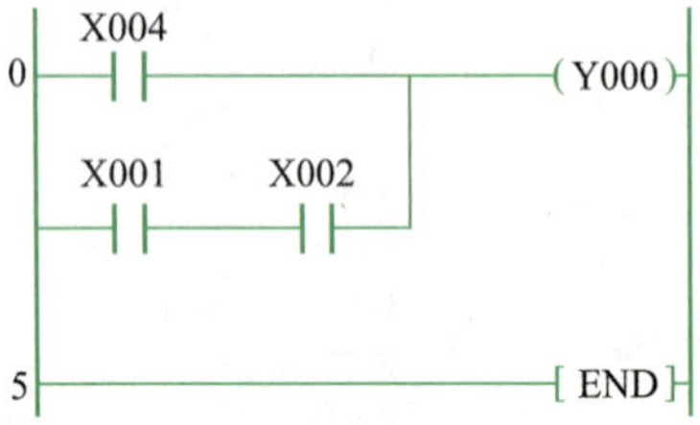

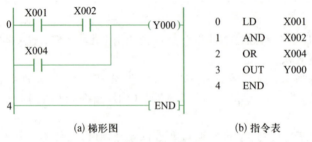

(a) 梯形图

0	LD	X004
1	LD	X001
2	AND	X002
3	ORB	
4	OUT	Y000
5	END	

(b) 指令表

图 4-15 带并联块的梯形图和指令表

(a) 梯形图

0	LD	X001
1	AND	X002
2	OR	X004
3	OUT	Y000
4	END	

(b) 指令表

图 4-16 简化后的带并联块的梯形图和指令表

四、MPS、MRD 与 MPP 指令

MPS、MRD 和 MPP 这组指令是在具有多重输出的梯形图中使用的栈操作指令。编程时，需要将中间运算结果进行存储时，就可以使用栈操作指令。FX3U 系列 PLC 有 11 个栈存储器，由 11 个专门的存储器构成。

（1）MPS，进栈指令，将数据压入栈顶，用在开始分支的地方。

（2）MRD，读栈指令，读取栈数据，用在 MPS 下继续的分支，表示分支的继续。

（3）MPP，出栈指令，取出栈顶的数据，用在最后分支的地方，表示分支的结束。

图 4-17 所示为一层栈示例。

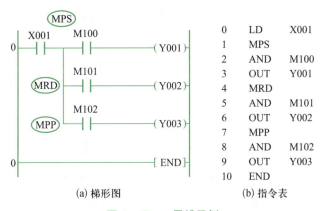

(a) 梯形图　　　　　(b) 指令表

图 4-17　一层栈示例

几点说明

（1）MPS、MRD、MPP 指令无编程元件。

（2）MPS、MPP 指令必须成对出现，可以嵌套使用。由于受到栈存储器数量的限制，连续使用次数不能超过 11 次，否则数据会丢失。

（3）MRD 指令在程序中可以使用，也可以不使用，使用次数可重复，不限制。图 4-18 所示为没有使用 MRD 指令的梯形图和指令表。

(a) 梯形图　　　　　(b) 指令表

图 4-18　没有使用 MRD 指令的梯形图和指令表

（4）简化程序的技巧：如果分支后直接输出，作为特例，不作分支处理，而直接当作输出，第二条支路作为串联处理，直接使用 AND 指令，如图 4-19 所示。同样的程序调换位置，则必须按支路的方法处理，如图 4-20 所示。

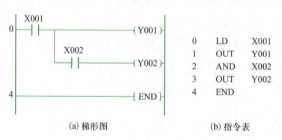

图 4-19　简化后的梯形图和指令表

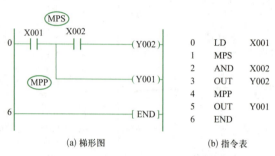

图 4-20　简化前的梯形图和指令表

（5）栈操作指令仅在指令表中可见，上述梯形图示例注明了栈操作指令出现的位置和操作的类型，通常在绘制梯形图后，栈操作指令由 PLC 内部自动生成，因此，为了避免过多的栈嵌套使用，提高 PLC 的运行速度，需要对梯形图进行优化。图 4-21 为二层栈示例。

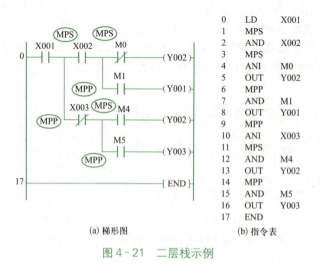

图 4-21　二层栈示例

五、MC 与 MCR 指令

MC，主控指令，用于公共触点串联，3 个程序步。

MCR，主控复位指令，2 个程序步。

多个线圈受到一个或一组节点控制时使用 MC 与 MCR 指令，可减少存储单元的占用，缩短程序的扫描周期。

几点说明

（1）MC、MCR 指令的编程元件为 Y、M（不允许使用特殊辅助继电器）。

（2）MC 指令后用 LD/LDI 指令，表示建立子母线，MCR 使母线返回 MC 指令调用前的位置。

（3）MC、MCR 指令成对出现，缺一不可。否则母线的位置会错乱，导致程序出错。

（4）在 GX Works2 软件中编写程序时，梯形图格式如图 4 - 22 所示。执行 PLC 写入后，程序自动转换为如图 4 - 23 所示的格式。

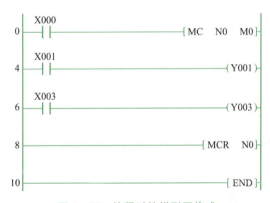

图 4 - 22　编程时的梯形图格式

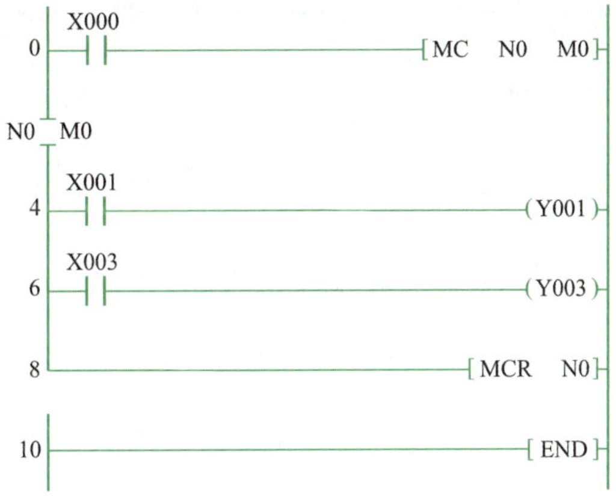

图 4 - 23　程序写入后的梯形图格式

（5）MC、MCR 指令的编程元件 Y、M 称为主控节点，是控制一组电路的总开关，接通时，MC、MCR 之间的语句得以执行；断开时，MC、MCR 之间的语句被跳过。图 4-24 所示为 X0、X1、X3 为 ON 时的执行临视图。图 4-25 所示为 X0 为 OFF，X1、X3 为 ON 时的执行监视图。

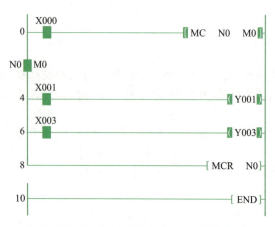

图 4-24 X0、X1、X3 为 ON 时的执行监视图

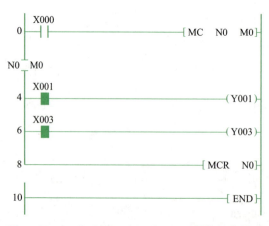

图 4-25 X0 为 OFF，X1、X3 为 ON 时的执行监视图

（6）MC、MCR 指令可以嵌套使用，嵌套层次最多 8 级，为 N0～N7。

六、INV、NOP 与 END 指令

1. INV 指令

INV，取反指令，其功能是将 INV 指令执行之前的结果取反。

几点说明

（1）INV指令无编程元件，1个程序步。

（2）INV指令不能直接与母线连接，该指令前面一定有其他逻辑运算指令梯形图，如图4-26所示。

| (a) 梯形图 | (b) 指令表 |

图4-26　INV指令的梯形图和指令表

2. NOP、END 指令

NOP，空操作指令。

END，结束指令。

几点说明

（1）NOP、END指令无编程元件，1个程序步。

（2）PLC执行程序时从0步扫描到END指令为止，后面的程序不执行。

（3）END指令不是PLC的停止指令，而是程序结束指令。在调试程序时，具有任意设置程序断点的作用。

（4）NOP指令用在普通指令之间，PLC无视其存在继续工作。在调试程序时，可以作为记号使用，在程序调试完毕后应删除。

 巩固与拓展

一、巩固自测

1. 为减少程序步数，请优化如图4-27所示的梯形图。

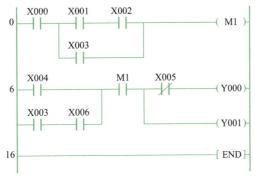

图4-27　题1梯形图

2. 画出图4-28a中M0的波形图,交换上下两行位置,如图4-28b所示,M0的波形有什么变化? 试讨论结果。

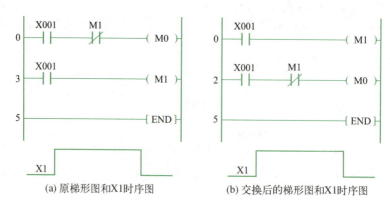

(a) 原梯形图和X1时序图　　　　　(b) 交换后的梯形图和X1时序图

图4-28　题2梯形图和时序图

二、拓展任务

1. 自动往返行程控制常用于机械加工设备需要其运动部件在一定范围内自动往返循环的场合。在摇臂钻床、万能铣床、镗床、桥式起重机及各种自动或半自动控制机床设备中,经常遇到这种控制要求。继电器-接触器实现自动往返行程控制电路图如图4-29所示。分小组讨论,选用合适的方法,利用FX3U系列PLC实现电路改造。

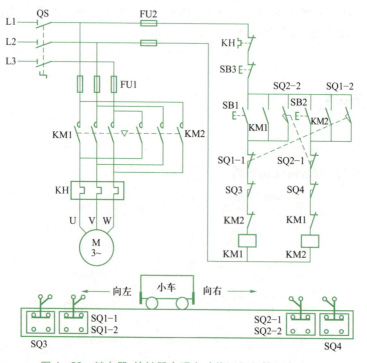

图4-29　继电器-接触器实现自动往返行程控制电路图

2. 如图 4-30 所示,制作一个三人用抢答比赛装置,要求三位抢答者中仅最先按按钮者的指示灯持续亮,同时鸣钟鸣叫。另外,主持人可用复位按钮来复位。选择合适的 PLC,确定 I/O 点分配并正确接线,设计程序,接入到实训装置,观察运行结果。

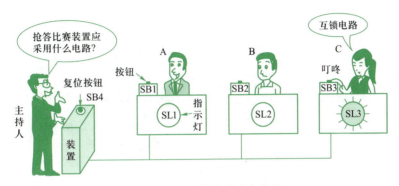

图 4-30 三人用抢答比赛装置

3. 采用如图 4-31 所示的输入输出装置和 PLC 对传送带实施控制。要求将重物放置在传送带的 A 点,按下正转按钮,传送带右行,当重物到达右端的光电传感器 2 处时,传送带自动停止;按下反转按钮,传送带左行,当重物到达左端的光电传感器 1 处时,传送带又自动停止。选择合适的 PLC,确定 I/O 点分配并正确接线,设计程序,接入实训装置,观察运行结果。

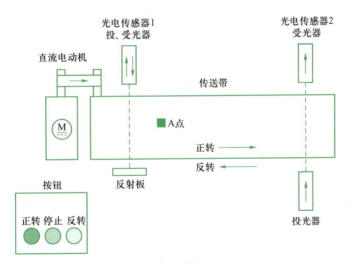

图 4-31 传送带控制示意图

光电传感器的几点说明

(1) 图 4-31 中,光电传感器 1 为回归反射型光电传感器,它是将光电传感器的投光器与受光器做成一体,从投光器射出的光经反射板反射,由受光器受光。被

测物体的遮挡使反射光线减少,受光器检测出光的变化,进行相应的动作。图
4-32所示为其构造,图4-33所示为回归反射型光电传感器示例。

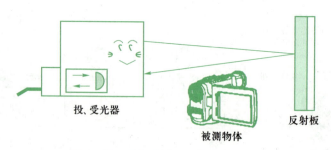

图4-32 回归反射型光电传感器构造

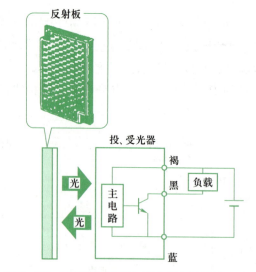

图4-33 回归反射型光电传感器示例(E3S-AR21)

（2）图4-31中,光电传感器2为透过型光电传感器。其构造如图4-34所
示,透过型传感器示例如图4-35所示。

图4-34 透过型光电传感器构造

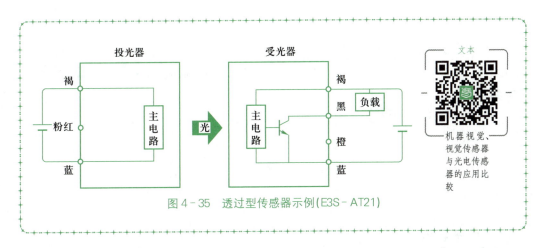

图 4-35　透过型传感器示例(E3S-AT21)

4. 查阅资料,了解台达 PLC 型号、特点等信息,并阐述与三菱 PLC 相比,其具有哪些优缺点。

Task 5 任务五 | PLC 实现电动机顺序启停控制

 任务目标

(1) 掌握电动机顺序启停控制的用途与控制方法。

(2) 用 PLC 进行对象控制时,能确定 I/O 点的分配,能正确接线。

(3) 用经验法编制控制电路的梯形图,学会使用定时器。

 任务描述

● 任务内容

很多的工业设备上装有多台电动机,由于设备各部分的工作节拍不同,或者操作流程的要求,各电动机的工作时序不尽相同。例如,通用机床一般要求主轴电动机启动后才能启动进给电动机,而带有液压系统的机床一般需要先启动液压泵电动机后,才能启动其他的电动机,等等。换句话说,一台电动机的启动是另外一台电动机启动的条件。多台电动机的停止也是同样有顺序的。在对多台电动机进行控制时,各电动机的启动或停止是有顺序的,这种控制方式称为顺序启停控制。

如图 5-1 所示,物料输送线由皮带秤与输送带构成,皮带秤对物料进行称量,达到设定值后,物料通过输送带运输送入指定地点。为避免输送带上物料堆积不均匀或撒落,要求输送带电动机启动 2 s 后,皮带秤电动机才能转动送料。同样地,只有当皮带秤电动机停止 8 s 后,输送带上的物料才能运空,输送带电动机才能停止。

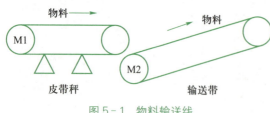

图 5-1 物料输送线

● 实施条件

教学做一体化教室,PLC 实训装置(含 FX3U-48MR PLC 基本单元),个人计算机(已安装 GX Works2 编程软件),电动机,电工常用工具若干,导线若干。

 **任务实施**

步骤一 准备工作。

通电检查实训装置是否正常,检查 PLC 与计算机的连接是否正常,置 PLC 于"STOP"状态。

步骤二 读懂控制要求。

从图 5-1 中看出,这是一个顺序启停控制:能顺序启动,要先启动输送带电动机 M2,使输送带运动,之后皮带秤电动机 M1 启动;能顺序停止,皮带秤物料运送完成后,皮带秤电动机停转,在将物料送入指定地点后,输送带电动机停转,即 M1 停止后,延时若干时间,M2 停止。另外,对整个输送线系统设有急停按钮(紧急停止按钮),当按下急停按钮时,全线停机。

步骤三 设计 PLC 控制 I/O 分配表。

PLC 实现电动机顺序启停控制 I/O 分配表见表 5-1 所示。

表 5-1 PLC 实现电动机顺序启停控制 I/O 分配表

类 别	元件	I/O点编号	备 注
输 入	SB11	X1	M1 电动机启动按钮
	SB12	X2	M1 电动机停止按钮
	SB21	X3	M2 电动机启动按钮
	SB22	X4	M2 电动机停止按钮
	SB3	X5	输送线急停按钮
输 出	KM1	Y1	M1 电动机接触器
	KM2	Y2	M2 电动机接触器

步骤四 画出 I/O 硬件接线图。

根据表 5-1,得到如图 5-2 所示 PLC 实现电动机顺序启停控制 I/O 硬件接线图的一种形式。

几点说明

(1)从图 5-2 可以看出,所有的输入按钮均采用动合触点,当输入开关接通时,相对应的输入元件接通,即为得电状态。

(2)图 5-2 中的 KH1 和 KH2 分别是为防止电动机 M1 和 M2 连续运行过载的热继电器。

(3)在用 PLC 控制热继电器时,对热继电器触点的处理有两种方式:一种是采用自动复位方式,将热继电器的触点接在 PLC 的输入端,用梯形图来实现电动

机的过载保护(在前面的任务中已做了说明);另外一种是采用手动复位方式,如图
5-2所示的KH1和KH2,串接在PLC的输出回路中,这样可以节约PLC的输入
点,梯形图也不用改变。本任务采用的是手动复位方式。

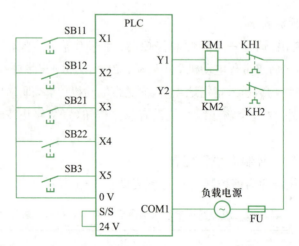

图5-2　PLC实现电动机顺序启停控制I/O硬件接线图1

图5-3所示为PLC实现电动机顺序启停控制I/O硬件接线图的另一种形式。

输入按钮与PLC内部软元件动合、动断的关系

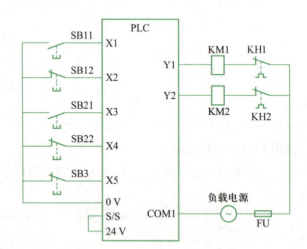

图5-3　PLC实现电动机顺序启停控制I/O硬件接线图2

几点说明

在图5-2中不难发现,接入PLC的停止按钮SB12、SB22和急停按钮SB3使
用的是动合触点。

　　而在实际应用中,停机按钮通常采用动断触点,这主要是因为停机按钮一般在系统中具有安全特性,而紧急停车对于安全生产非常重要。

　　从设计的角度考虑,如果采用动合触点,正常状态下,在 PLC 的输入端没有信号输入。一旦停机线路发生故障,平时不能及时发现,等到需要紧急停机时,停机按钮已失去控制功能。而采用动断触点作为停机按钮,一旦停机线路发生故障,立即停机并检修,从而保证停机线路总是完好无损,具备其控制功能。因此,在实际应用中,特别是当系统停机影响生产安全的时候,通常将停机按钮、过载保护的热继电器触点采用动断输入触点的接线方式,如图 5-3 所示。

步骤五　设计任务程序。

　　在设计时,如果采用的是如图 5-2 所示的 I/O 硬件接线图,即所有输入开关均采用动合触点。其梯形图如图 5-4 和图 5-5 所示。图 5-5 中使用的 SET 和 RST 指令将在后文中进行介绍。

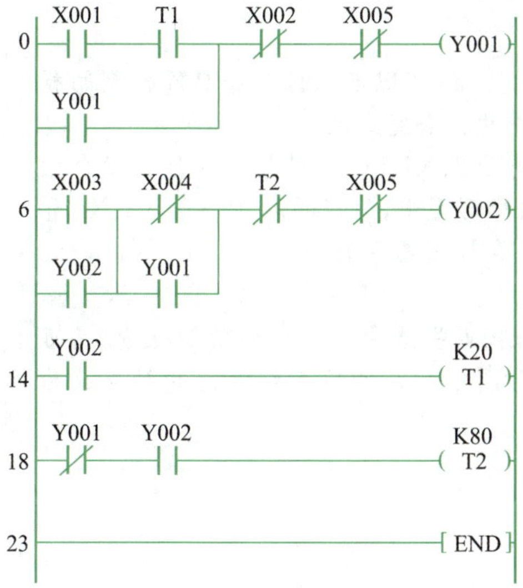

图 5-4　PLC 实现电动机顺序启停控制梯形图 1

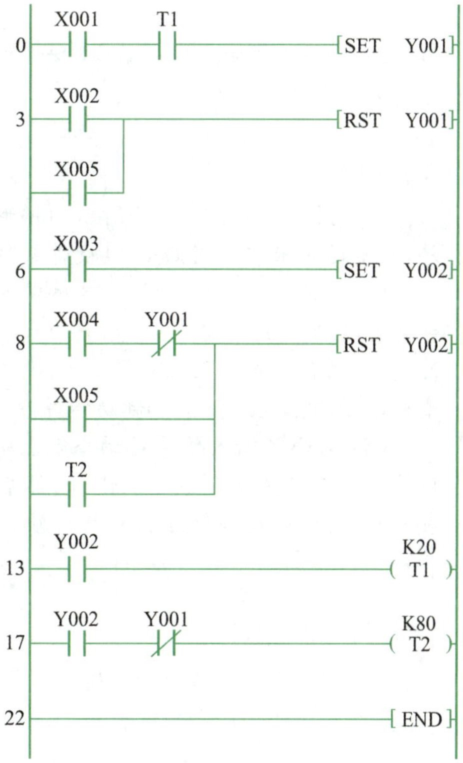

图 5-5　PLC 实现电动机顺序启停控制梯形图 2

　　在设计时,如果采用的是如图 5-3 所示的 I/O 硬件接线图,即停止按钮和紧急停止按钮采用的是动断触点。其梯形图如图 5-6 和图 5-7 所示。

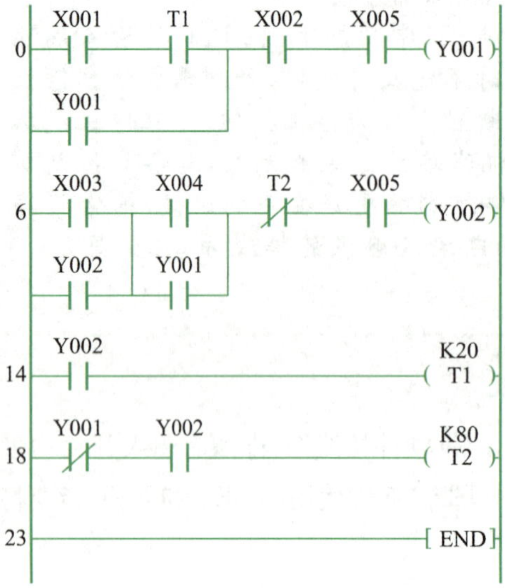

图5-6　PLC实现电动机顺序启停控制梯形图3 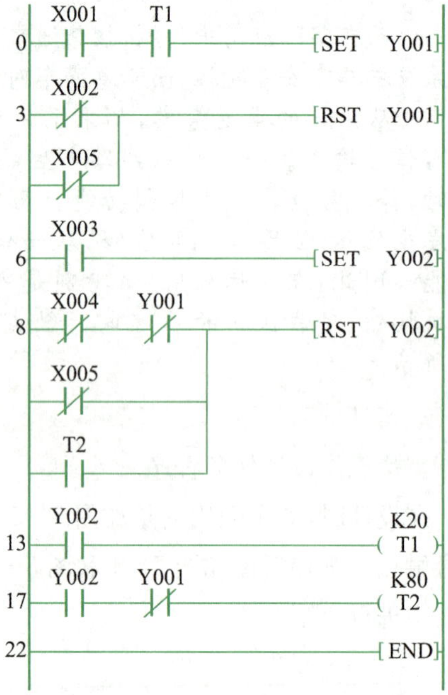　　　图5-7　PLC实现电动机顺序启停控制梯形图4

几点说明

（1）图5-4至图5-7所示的梯形图均为PLC实现电动机顺序启停控制的程序，只不过是采用不同的I/O硬件接线和不同的指令完成的。

（2）比较图5-2和图5-3所示的接线图，X2、X4和X5外接的按钮由动合按钮变为动断按钮，在图5-4和图5-6所示的梯形图中，对应的动断触点X2、X4和X5变为动合触点。而比较图5-5与图5-7，在梯形图中的动合触点X2、X4和X5变成了动断触点。整个控制功能并没有改变。

（3）习惯了输入信号接动合触点输入，如果某些信号只能用动断触点输入，可以按输入全部为动合触点来设计，然后将梯形图中相应的输入继电器的触点改为相反的触点，即合触点改为动断触点。

步骤六　下载程序。

启动编程软件GX Works2，将程序正确地输入并下载到PLC。

步骤七　运行程序，整体调试。

将PLC的运行方式置于"RUN"状态。小组成员按下SB11、SB12和SB21、SB22观察M1、M2的运行情况，并记录运行结果。试比较两种不同的接线方式在实际运行中的区别。

步骤八　整理技术文件。

 **任务检查与评价**

　　根据学生在任务实施过程中的表现,客观予以评价,评价标准见表 5-2。

表 5-2　评 价 标 准

一级指标	比例	二 级 指 标	比例	得分
电路设计及接线	20%	1. I/O 点分配	5%	
		2. 设计硬件接线图	5%	
		3. 元件的选择	5%	
		4. 接线情况	5%	
程序设计与输入	40%	1. 程序设计	20%	
		2. 指令的使用	5%	
		3. 编程软件的使用	5%	
		4. 程序输入与下载	10%	
系统整体运行调试	30%	1. 正确通电	5%	
		2. 系统模拟调试	10%	
		3. 故障排除	15%	
职业素养与职业规范	10%	1. 设备操作规范性	2%	
		2. 材料利用率,接线及材料损耗	2%	
		3. 工具、仪器、仪表使用情况	2%	
		4. 现场安全、文明情况	2%	
		5. 团队分工协作情况	2%	
总　　计		100%		

 知识链接

　　采用前面学习过的指令虽然可让基本电路程序化运行,但是若熟练使用本任务用到的两个新的指令 SET 和 RST,会更方便且更易于理解程序。

一、SET 与 RST 指令

　　SET,置位指令,触点置位后保持接通状态。
　　RST,复位指令,触点复位后保持断开状态。
　　图 5-8 所示为复位优先电路的梯形图和时序图。

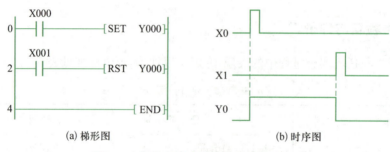

(a) 梯形图　　　　　　　　　　　(b) 时序图

图 5-8　复位优先电路的梯形图和时序图

几点说明

视频

置位优先、
复位优先电
路的特点与
写法

（1）SET 和 RST 指令为 1～3 个程序步。

（2）SET 指令的编程元件为 Y、M、S D□.b。

（3）RST 指令的编程元件为 Y、M、S、T、C、D、V、Z、D□.b、R。

（4）图 5-9a 和图 5-9b 所示的梯形图功能一样。

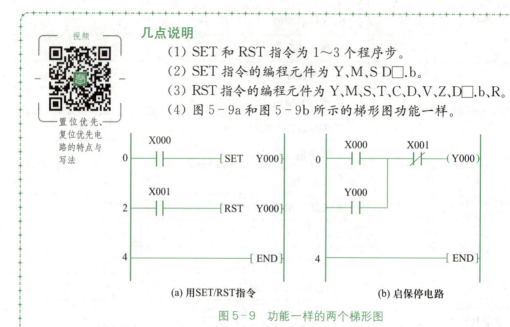

(a) 用SET/RST指令　　　　　　(b) 启保停电路

图 5-9　功能一样的两个梯形图

（5）复位优先和置位优先电路：图 5-8 所示为复位优先电路的梯形图和时序图，当 X0 和 X1 同时接通时，由 PLC 的工作原理可知，SET 语句执行在先，RST 语句执行在后，Y0 的值被复位，此时称为复位优先电路。还有一种置位优先电路，其梯形图和时序图如图 5-10 所示。

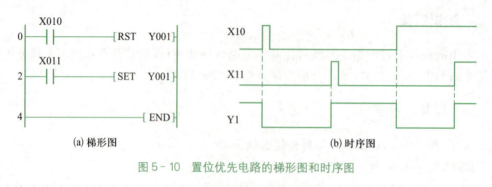

(a) 梯形图　　　　　　　　　　(b) 时序图

图 5-10　置位优先电路的梯形图和时序图

（6）SET/RST 指令可以指定使用同一编号，使用次数不限，先后顺序根据程序的功能需要而定。

二、定时器 T

定时器在实际应用中使用非常广泛，一般 PLC 内部都含有定时器，它的作用相当于时间继电器，但 PLC 定时器为内部软元件，用于定时功能，不能直接与 PLC 的外部打交道。三菱 FX3U 系列 PLC 定时器为通电延时型。FX3U 系列 PLC 定时器编号为 T0～T511，共 512 个。

定时器可对内部 1 ms、10 ms 和 100 ms 时钟脉冲进行加计数，当达到用户设定值时，触点动作。

1. 常规定时器

常规定时器 T0～T199 的时基为 100 ms，定时时长设定范围 0.1～3 276.7 s。

常规定时器 T200～T245 的时基为 10 ms，定时时长设定范围 0.01～327.67 s。

常规定时器 T256～T511 的时基为 1 ms，定时时长设定范围 0.001～32.767 s。

常规定时器的工作过程如图 5-11 所示。T200 是时基为 10 ms 的定时器，当时间常数设定值为 K123 时，定时时长为 1.23 s。

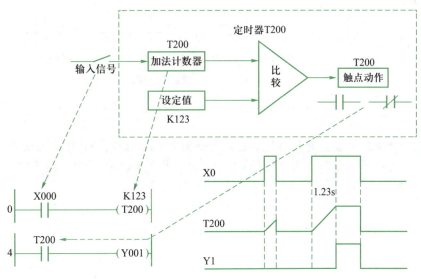

图 5-11　常规定时器的工作过程

当输入信号 X0 接通后，定时器 T200 得电并立即开始计时，在计时达到 1.23 s 后，T200 的动合触点接通。若输入信号 X0 接通时间不足 1.23 s，T200 立即失电复位，其当前计时值被清零，T200 的动合触点不动作。若输入信号 X0 断开，或者停电，常规定时器会被复位，并且输出触点也复位。

2. 积算定时器

积算定时器 T246～T249 的时基为 1 ms,定时时长设定范围 0.001～32.767 s。

积算定时器 T250～T255 的时基为 100 ms,定时时长设定范围 0.1～3 276.7 s。

积算定时器的工作过程如图 5-12 所示。T250 是时基为 100 ms 的积算定时器,当时间常数设定为 K123 时,定时时长为 12.3 s。

当输入信号 X1 接通后,定时器 T250 得电并立即开始计时,在计时达到 12.3 s 后,T250 的动合触点接通。

若输入信号 X1 接通时间不足 12.3 s,T250 立即失电,定时器停止计时,其当前计时值储存在定时器内,当输入信号再次接通后,T250 在原存储的计时值的基础上继续计时,达到 12.3 s 后动合触点接通。当 X2 输入信号接通时,T250 复位。

视频

定时器及其应用

视频

通电延时、断电延时、闪烁电路与长延时案例

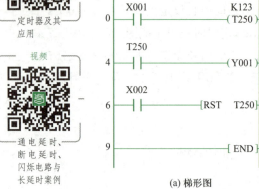

(a) 梯形图

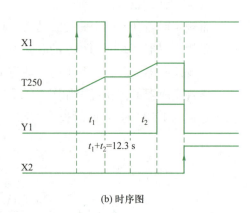

(b) 时序图

图 5-12　积算定时器的工作过程

几点说明

（1）通电延时电路的梯形图和时序图如图 5-13 所示。X0 为输入信号,定时器 T0 的定时时长为 2 s。当 X0 接通时,T0 得电并开始计时,计时达到 2 s 时 T0 动合输出触点接通,因而 Y0 也在 X0 接通后的 2 s 时接通。

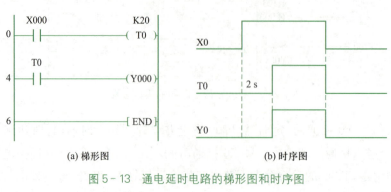

(a) 梯形图　　　　　　　　(b) 时序图

图 5-13　通电延时电路的梯形图和时序图

（2）断电延时电路的梯形图和时序图如图 5-14 所示。由于在 FX 系列 PLC 的定时器内部不包含断电延时定时器，要用梯形图来实现断电延时功能。

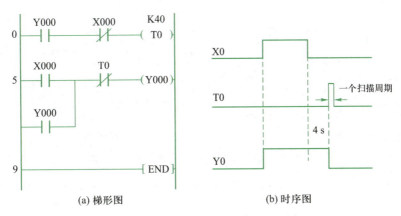

(a) 梯形图　　　　　　(b) 时序图

图 5-14　断电延时电路的梯形图和时序图

当 X0 接通时，Y0 立即输出，而 T0 处于复位状态。当 X0 由接通变为断开时，T0 得电，计时开始，当计时到 4 s 时，T0 动合触点接通，Y0 复位，到下一个扫描周期由于 Y0 被复位导致 T0 失电，T0 的动合触点随即复位，因此 T0 的动合触点仅在计时时间到达后的一个扫描周期内维持接通状态，其他时间为复位状态。而 Y0 则在 X0 断电后的 4 s 时被复位，实现了断电延时功能。

（3）闪烁电路的梯形图和时序图如图 5-15 所示。X0=1 时，T0 得电且计时。2 s 后，T0 接通，此时 T1 得电且开始计时。3 s 后，T1 接通导致 T0 复位，而 T0 断电时 T1 也复位。

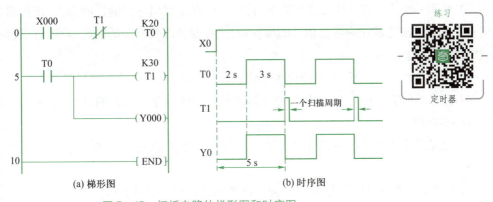

(a) 梯形图　　　　　　(b) 时序图

图 5-15　闪烁电路的梯形图和时序图

（4）多个定时器组合的梯形图和时序图如图 5-16 所示，可以延长定时时间。

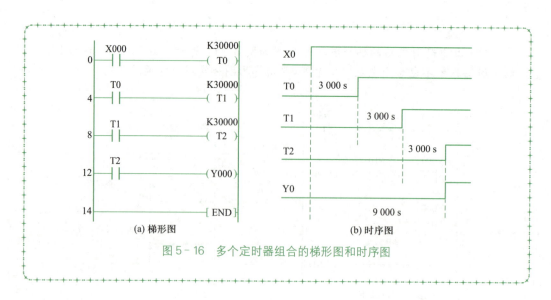

图 5-16　多个定时器组合的梯形图和时序图

三、经验法

经验法也称试凑法,需要设计者掌握大量的典型电路,在此基础上,根据控制系统的具体要求,经过多次反复地调试、修改和完善,最后才能得到一个较为满意的结果。用经验法设计时,可以参考一些基本的梯形图或以往的编程经验。这种方法没有普遍规律可以遵循,具有很大的试探性和随意性,最后的结果不是唯一的,设计所用的时间、设计质量与设计者的经验有很大的关系。

梯形图经验法设计的步骤如下。

(1) 在准确了解控制要求后,合理地为控制系统中的信号分配 I/O 接口,并画出 I/O 分配图。

(2) 对于一些控制要求比较简单的输出信号,可直接写出它们的控制条件,依据启保停电路的编程方法完成相应输出信号的编程;对于控制条件较复杂的输出信号,可借助辅助继电器来编程。

(3) 对于较复杂的控制,正确分析控制要求,确定各输出信号的关键控制点。

(4) 确定了关键控制点后,用启保停电路的编程方法或基本电路的梯形图,画出各输出信号的梯形图。

(5) 在完成关键控制点梯形图的基础上,针对系统的控制要求,画出其他输出信号的梯形图。

(6) 审查以上梯形图,更正错误,补充遗漏的功能,进行最后的优化。

几点说明

(1) 由于 PLC 组成的控制系统复杂程度不同,所以梯形图程序设计的难易程度也不同,因此,以上步骤并不是唯一和必需的,可以灵活应用。

(2)经验法应用于一般的逻辑控制电路时,其基础就是"启保停"电路。图5-17所示为复位优先的启保停电路梯形图。其中,X0为启动信号触点,X1为停止信号触点,Y10为自保持信号触点。

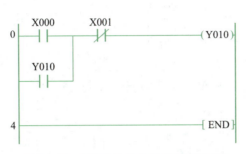

图5-17　复位优先的启保停电路梯形图

 巩固与拓展

一、巩固自测

1. 分析如图5-18所示的梯形图和时序图,并画出Y0的时序图。

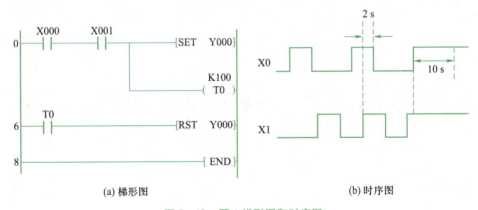

(a) 梯形图　　　　　　　　　　(b) 时序图

图5-18　题1梯形图和时序图

2. 分析如图5-19所示的梯形图和时序图,并画出Y0的时序图。

3. 将如图5-18a和图5-19a所示梯形图中的T0换成T250,试重画Y0的波形。

4. 分析如图5-20所示梯形图,该梯形图为复位还是置位优先电路?

5. 用经验法设计满足如图5-21所示时序图的梯形图。

6. 讨论并设计如图5-22所示时序图的梯形图。

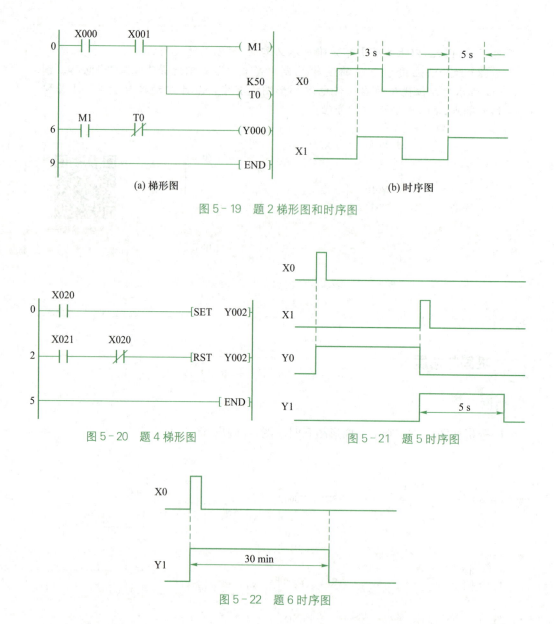

图 5 - 19　题 2 梯形图和时序图

图 5 - 20　题 4 梯形图

图 5 - 21　题 5 时序图

图 5 - 22　题 6 时序图

二、拓展任务

1. 采用如图 5 - 23 所示的输入输出装置和 PLC 对传送带实施控制。要求将重物放置在传送带的 A 点,按下正转按钮,传送带右行,当重物到达右端的光电传感器 2 处时,传送带停止,停止 2 s 后传送带又自动反转,当重物到达左端的光电传感器 1 处时,传送带又停止,停止 2 s 后传送带又自动正转。就这样,在按下停止按钮之前,重物在光电传感器之间往复运动。选择合适的 PLC,确定 I/O 点分配并正确接线,设计程序,接入实训装置,观察运行结果。

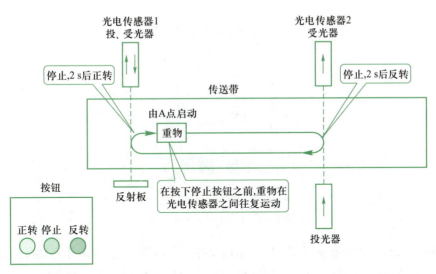

图 5-23　传送带控制示意图

2. 用经验法设计一个智力竞赛抢答系统,参加竞赛人分为儿童组、学生组、成人组,其中,儿童两人,学生一人,成人两人,另外,主持人一人。抢答系统示意图如图5-24所示。

控制要求:当主持人按下 SB0 后,指示灯 SL4 亮,表示抢答开始,参赛者方可开始按下按钮抢答,否则违例(此时抢答者桌面上抢答灯闪烁);为了公平,要求儿童组只需一人按下按钮,其对应的指示灯即亮,而成人组需要两人均按下按钮,对应的指示灯才亮;当一个问题回答完毕,主持人按下 SB1,一切状态恢复;成年组一人违例抢答灯也闪烁;当抢答开始后,时间超过 30 s,无人抢答,此时铃响,提示抢答时间已过,此题作废。选择合适的 PLC,确定 I/O 点分配并正确接线,设计程序,接入实训装置,观察运行结果。

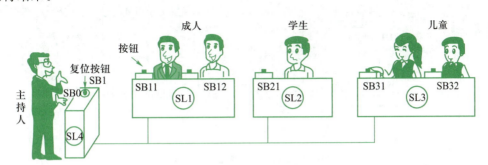

图 5-24　抢答系统示意图

3. 利用所学的知识讨论并设计:当按下启动按钮(X1)时,指示灯能按如图 5-25 所示变换状态反复亮灭。在实训装置上验证设计能否达到控制要求(绿灯接 Y1,黄灯接 Y2,红灯接 Y3)。

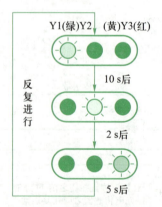

图 5-25　指示灯变换示例图

4. 图 5-26 所示为电动机 Y-D 降压启动控制电路图。Y-D 降压启动又称星-三角降压启动,是指电动机在启动时,把定子绕组接成星形联结以降低启动电压,限制启动电流;待电动机启动后,再把定子绕组改接成三角形联结,使电动机全压运行。因为星形联结的启动转矩只有三角形联结的启动转矩的 1/3,故 Y-D 降压启动控制电路适用于电动机负载为轻载或空载的情况。现要求用 PLC 实现电动机 Y-D 降压启动控制。

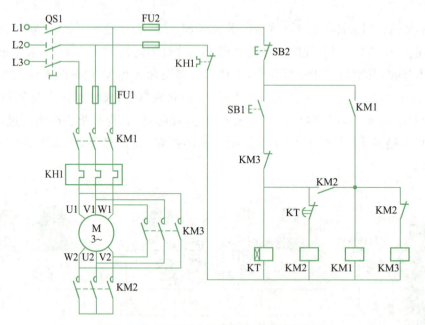

图 5-26　电动机 Y-D 降压启动控制电路图

PLC 实现物料输送线控制

任务目标

（1）了解物料输送线计数控制及计数器，熟悉实际应用中的手动和自动控制。

（2）用 PLC 进行对象控制时，能确定 I/O 点的分配，能正确接线。

（3）学会使用脉冲类指令触发控制并编写梯形图程序。

任务描述

● 任务内容

在很多场合，人们需要对生产线上产品的数量进行统计，以便及时掌握控制对象的状况，做出适当的调整。图 6-1 所示为物料输送线示意图。除了保留任务五的控制要求外，另外增加了两点：一是生产任务中规定了产品数量，根据这个数量确定生产车数，在自动生产过程中如果生产车数达到规定值，生产线停机；二是能实现自动和手动切换控制。

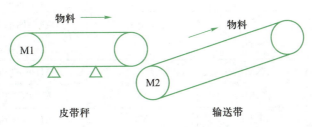

图 6-1 物料输送线示意图

● 实施条件

教学做一体化教室，PLC 实训装置（含 FX3U - 48MR PLC 基本单元），个人计算机（已安装 GX Works2 编程软件），电动机，电工常用工具若干，导线若干。

任务实施

步骤一 准备工作。

通电检查实训装置是否正常，检查 PLC 与计算机的连接是否正常，置 PLC 于

"STOP"状态。

步骤二　读懂控制要求。

本任务物料输送线分为自动和手动两种控制方式。物料称量完成后,在自动或手动方式下对皮带秤电动机和输送带电动机进行启停控制操作。

当采用手动控制方式时,物料称量完毕后,人工操作皮带秤电动机和输送带电动机的启停。

当采用自动控制方式时,皮带秤在物料称量完成后向 PLC 输出一个信号,PLC 启动输送带电动机 M2,2 s 后启动皮带秤电动机 M1,皮带秤上的物料输送完成后,皮带秤显示重量为零并向 PLC 发出秤空信号,此时皮带秤电动机停转,8 s 后,输送带电动机停机。自动控制方式的过程与手动控制方式是一样的,仅仅是操作过程由 PLC 完成,而不需要人工干预。

步骤三　设计 PLC 控制 I/O 分配表。

PLC 实现物料输送线控制 I/O 分配表见表 6-1。

表 6-1　PLC 实现物料输送线控制 I/O 分配表

类　　别	元件	I/O 点编号	备　　注
输　入	SA1	X0	自动/手动转换开关
	SB11	X1	M1 电动机启动按钮
	SB12	X2	M1 电动机停止按钮
	SB21	X3	M2 电动机启动按钮
	SB22	X4	M2 电动机停止按钮
	SB3	X5	输送线急停按钮
	S1	X6	物料称量完成开关
	S2	X7	皮带秤物料空开关
输　出	KM1	Y1	M1 电动机接触器
	KM2	Y2	M2 电动机接触器
	HL1	Y3	M1 电动机运行指示灯
	HL2	Y4	M2 电动机运行指示灯

几点说明

相比任务五的控制要求,本任务增加了如下 I/O 信号。

(1)自动/手动转换开关 SA1,接通时为自动方式,断开时为手动方式。

(2)开关 S1 是物料称量完成输入信号,当称量值达到设定值时接通,否则断开。

（3）开关 S2 是皮带秤物料输送完成信号，当皮带秤称量值变为零时接通，否则断开。

（4）皮带秤电动机 M1 运转时，指示灯 HL1 点亮指示，电动机停转时熄灭。

（5）输送带电动机 M2 运转时，指示灯 HL2 点亮指示，电动机停转时熄灭。

步骤四　画出 I/O 硬件接线图。

图 6-2 所示为 PLC 实现物料输送线控制 I/O 硬件接线图，从实际安全角度考虑，停机和紧急停车均采用动断按钮接入，在设计梯形图程序要予以注意。

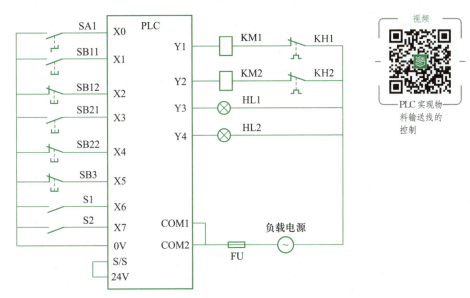

图 6-2　PLC 实现物料输送线控制 I/O 硬件接线图

步骤五　设计控制面板。

PLC 实现物料输送线控制的控制面板设计图如图 6-3 所示。其中，SA1 为自动/手动转换开关。

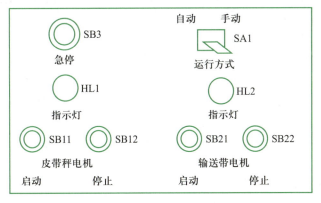

图 6-3　PLC 实现物料输送线控制的控制面板设计图

步骤六 设计任务程序。

PLC 实现物料输送线控制增加了车数记录与自动/手动控制后,其梯形图如图 6-4 所示。

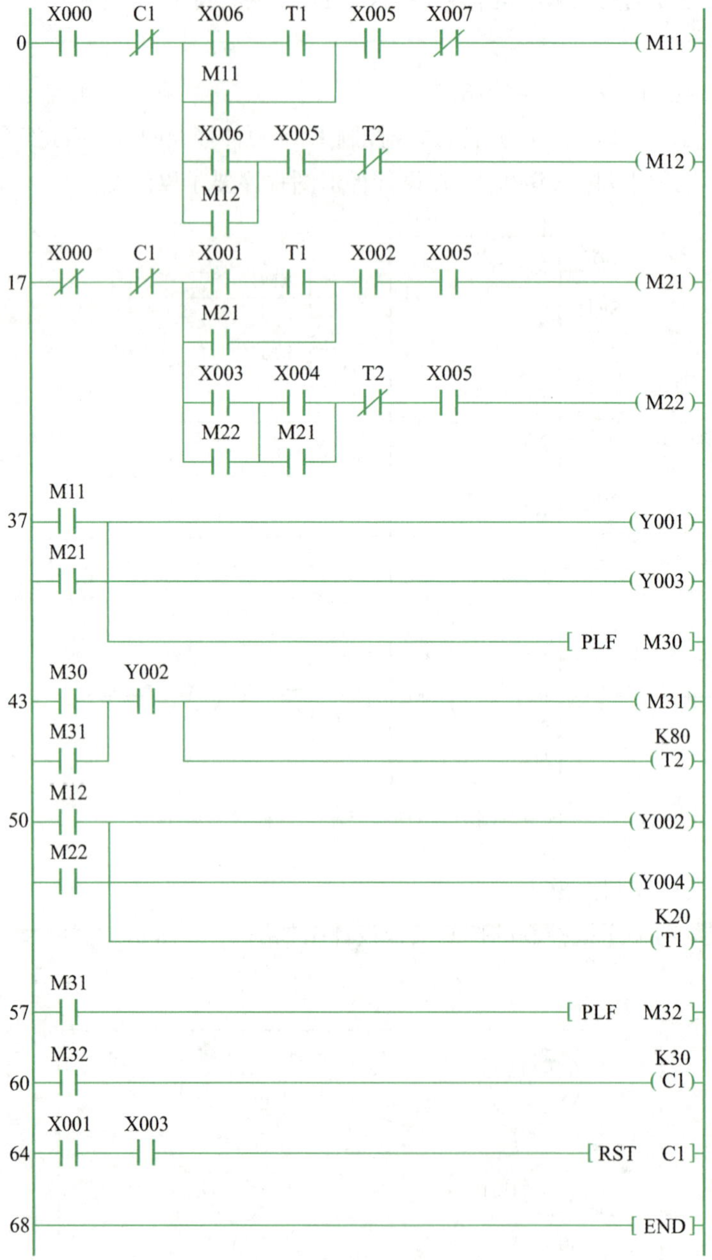

图 6-4 PLC 实现物料输送线控制梯形图

步骤七 下载程序。

启动 GX Works2 编程软件,将程序正确地输入并下载到 PLC。

步骤八　运行程序,整体调试。

将 PLC 的运行方式置于"RUN"状态。小组成员通过自动/手动转换开关 SA1 选择控制方式,分别在自动和手动控制方式下按下相应按钮观察物料输送线的运行情况,并记录运行结果。

步骤九　整理技术文件。

 任务检查与评价

根据学生在任务实施过程中的表现,客观予以评价,评价标准见表6-2。

表6-2　评　价　标　准

一级指标	比例	二　级　指　标	比例	得分
电路设计及接线	20%	1. I/O点分配	5%	
		2. 设计硬件接线图	5%	
		3. 控制面板设计情况	5%	
		4. 接线情况	5%	
程序设计与输入	40%	1. 程序设计	20%	
		2. 指令的使用	5%	
		3. 编程软件的使用	5%	
		4. 程序输入与下载	10%	
系统整体运行调试	30%	1. 正确通电	5%	
		2. 系统模拟调试	10%	
		3. 故障排除	15%	
职业素养与职业规范	10%	1. 设备操作规范性	2%	
		2. 材料利用率,接线及材料损耗	2%	
		3. 工具、仪器、仪表使用情况	2%	
		4. 现场安全、文明情况	2%	
		5. 团队分工协作情况	2%	
总　　　计		100%		

 **知识链接**

一、PLS 与 PLF 指令

在学习 PLS 和 PLF 指令前,首先介绍上升沿和下降沿及扫描周期三个基本概念。

如图6-5所示，上升沿是指开关从断开到闭合的瞬间、信号从无到有的瞬间或脉冲从低电平到高电平的瞬间，而下降沿与上升沿相反，它是指开关从闭合到断开的瞬间、信号从有到无的瞬间或脉冲从高电平到低电平的瞬间。

图6-5 上升沿和下降沿

信号为什么要从"沿"汲取而不从一个稳定状态汲取，主要是考虑到干扰。因为在稳态时，干扰信号一旦侵入，就会使信号出错，发出错误的指令。另外，如果把"沿"作为一个信号，那么上升沿是一个信号，下降沿又是一个信号，这样，同一个开关可以发出不同的信号，做到一个开关多种用途。特别是在传感器作为输入信号时，"沿"触发使用特别广泛。

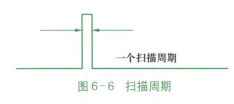

图6-6 扫描周期

扫描周期如图6-6所示，在前面任务中已经学习过。一个扫描周期很短，为1 ms或稍长一点的时间，在这一个很短的时限内提供一个信号，这个信号时间很短，但足可以去完成PLC程序中要求的相关任务。

1. PLS指令

PLS，输入信号上升沿产生脉冲输出。图6-7所示为PLS指令的梯形图和时序图。

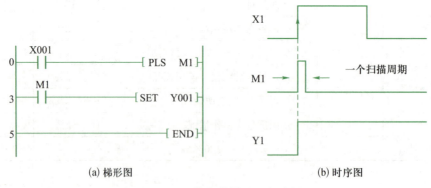

(a) 梯形图   (b) 时序图

图6-7 PLS指令的梯形图和时序图

2. PLF指令

PLF，输入信号下降沿产生脉冲输出。图6-8所示为PLF指令的梯形图和时序图。

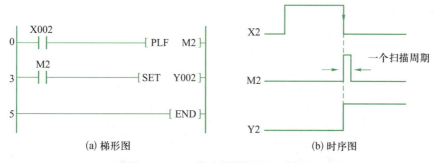

图6-8 PLF指令的梯形图和时序图

几点说明

（1）PLS、PLF指令目标元件为Y、M（特殊辅助继电器不允许使用）。

（2）PLS，当信号出现上升沿时，目标元件接通一个扫描周期。PLF，当信号出现下降沿时，目标元件接通一个扫描周期。

（3）PLS、PLF指令为2个程序步长。

（4）PLS指令构成分频电路的梯形图和时序图如图6-9所示。在X0的上升沿触发时，M100接通1个扫描周期；当辅助继电器M100不接通时，Y0的逻辑值维持不变，每当M100接通时，Y0的逻辑状态改变一次。

视频
分频电路

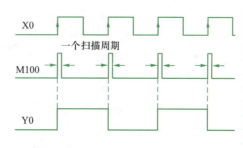

图6-9 PLS指令构成分频电路的梯形图和时序图

（5）PLS指令应用于通电延时。图6-10为采用启保停电路的通电延时电路梯形图，图中采用了辅助继电器M30、M31，其作用就是使输出信号的断开不受输入信号控制。X2接通5 s后Y1接通，输出接通由输入信号控制；X1断开后Y1立即断开，输出信号Y1断开由X1控制而非X2。图6-11为采用SET、RST指令的通电延时电路梯形图。

（6）PLF指令应用于断电延时。如图6-12所示，辅助继电器M30检测输入信号X1的下降沿，M31保持X1断电状态信号。M31接通时触发定时器T1，定时时间到达后，在同一扫描周期内先使Y1复位，后复位M31和T1。从时序上看，X1和Y1同时接通，X1断开时M31接通，5 s后，M31和Y1同时断开。图6-13为采用SET、RST指令的断电延时电路梯形图。

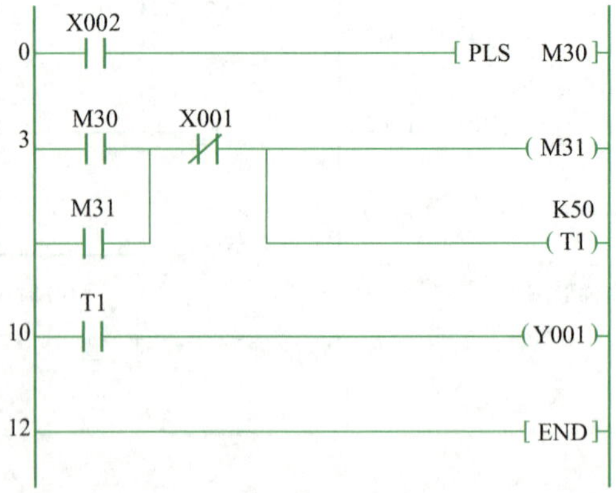

图 6-10　采用启保停电路的通电延时电路梯形图

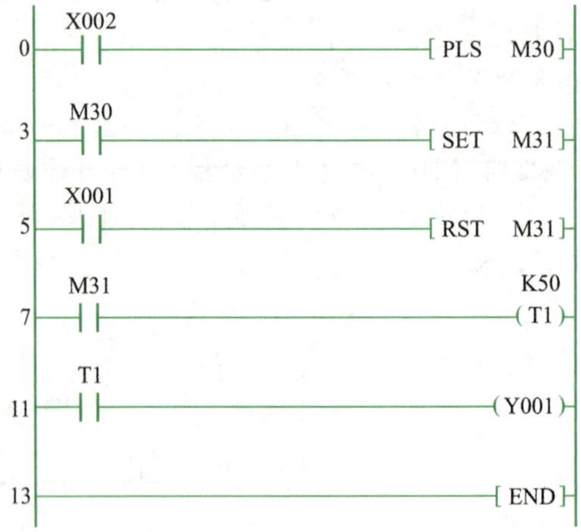

图 6-11　采用 SET、RST 指令的通电延时电路梯形图

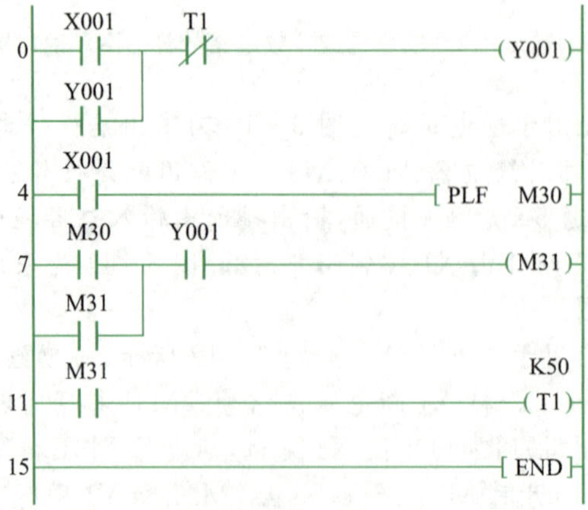

图 6-12　采用启保停电路的断电延时电路梯形图

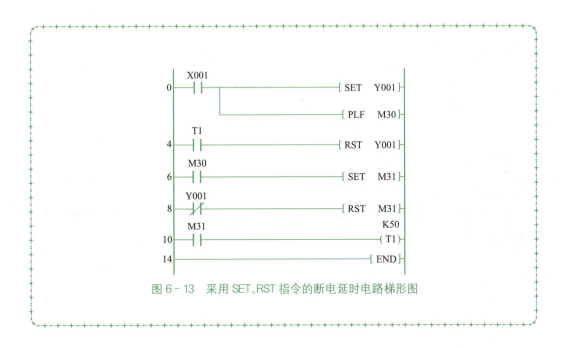

图 6-13　采用 SET、RST 指令的断电延时电路梯形图

二、LDP 与 LDF 指令

同脉冲输出指令 PLS、PLF 一样,取脉冲指令 LDP、LDF 用于触发边沿的检测,所不同的是 LDP、LDF 指令面向输入信号边沿的读取,脉冲信号由系统产生,因而编程元件更广泛。而 PLS、PLF 指令面向输入信号边沿跳变时产生脉冲输出信号,因而其编程元件只能是 Y、M。

LDP,读取信号上升沿,在输入信号上升沿指令输出脉冲。

LDF,读取信号下降沿,在输入信号下降沿指令输出脉冲。

图 6-14 所示为 LDP、LDF 指令梯形图和时序图。

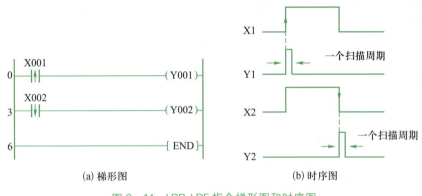

(a) 梯形图　　　　　　　　　　　　(b) 时序图

图 6-14　LDP、LDF 指令梯形图和时序图

> **几点说明**
> （1）LDP、LDF 指令直接与母线连接。
> （2）LDP、LDF 指令的编程元件为 X、Y、M、S、D□.b 、T、C。
> （3）LDP、LDF 指令的脉冲输出均为一个扫描周期。

三、ANDP 与 ANDF 指令

1. ANDP 指令

ANDP，相与的输入信号上升沿时接通一个扫描周期。图 6－15 所示为 ANDP 指令梯形图和时序图。

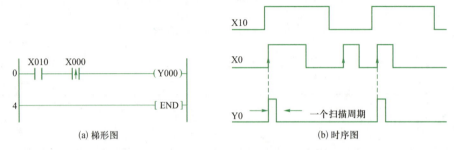

(a) 梯形图　　　　　　(b) 时序图

图 6－15　ANDP 指令梯形图和时序图

2. ANDF 指令

ANDF，相与的输入信号下降沿时接通一个扫描周期。图 6－16 所示为 ANDF 指令梯形图和时序图。

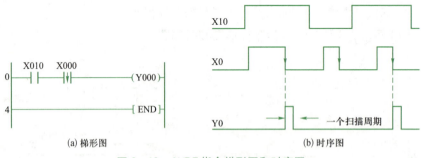

(a) 梯形图　　　　　　(b) 时序图

图 6－16　ANDF 指令梯形图和时序图

> **几点说明**
> （1）ANDP、ANDF 指令不直接与母线连接，而与其他元件串联。
> （2）ANDP、ANDF 指令用于编程元件 X、Y、M、S、T、C。
> （3）ANDP、ANDF 指令为 2 个程序步长。

四、ORP 与 ORF 指令

1. ORP 指令

ORP，相或的输入信号上升沿时接通一个扫描周期。图6-17所示为ORP指令梯形图和时序图。

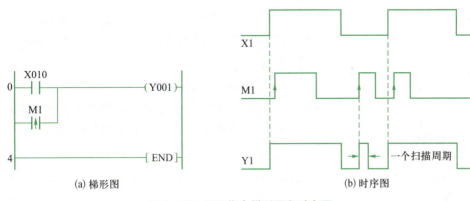

(a) 梯形图　　　　　　　　　　　(b) 时序图

图6-17　ORP指令梯形图和时序图

2. ORF 指令

ORF，相或的输入信号下降沿接通一个扫描周期。图6-18所示为ORF指令梯形图和时序图。

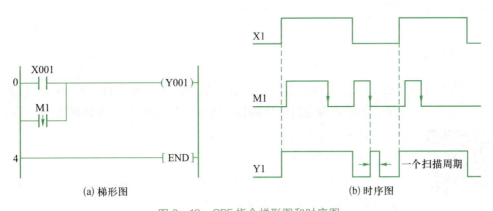

(a) 梯形图　　　　　　　　　　　(b) 时序图

图6-18　ORF指令梯形图和时序图

几点说明

(1) ORP、ORF 指令可以直接连接母线，处于并联的位置。

(2) ORP、ORF 指令用于编程元件 X、Y、M、S、T、C。

(3) ORP、ORF 指令为 2 个程序步长。

五、MEP 与 MEF 指令

1. MEP 指令

MEP,检测运算结果上升沿输出指令,即检测到 MEP 指令前的运算结果由 **0→1**（上升沿）的瞬间,输出一个脉冲。图 6 - 19 所示为其梯形图,"↑"是 MEP 指令在梯形图中的表现形式,它的作用是检测"↑"之前运算结果的上升沿,如果检测到上升沿,则通过 M0 输出一个脉冲。

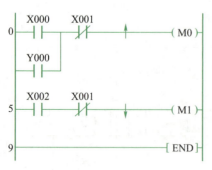

图 6 - 19 MEP 与 MEF 指令梯形图

2. MEF 指令

MEF,检测运算结果下降沿输出指令,即检测到 MEP 指令前的运算结果由 **1→0**（下降沿）的瞬间,输出一个脉冲。图 6 - 19 所示为其梯形图,"↓"MEF 指令在梯形图中的表现形式,它的作用是检测"↓"之前运算结果的下降沿,如果检测到下降沿则通过 M1 输出一个脉冲。

> **几点说明**
>
> （1）MEP 与 MEF 是 FX3U 系列 PLC 指令,FX2N 系列 PLC 不支持此指令。
>
> （2）MEP 与 MEF 是将运算结果脉冲化指令,不需要带任何软元件。

六、计数器 C

计数器是一种在程序中对输入条件脉冲前沿进行计数的软元件。FX3U 系列 PLC 的计数器分为通用计数器和高速计数器两种,其分配区间为C0～C255。

视频

PLC 中的
计数器

1. 通用计数器

（1）16 位计数器

16 位计数器只能进行递加计数,其分配区间为 C0～C199,当计数值达到设定值时,计数器输出触点接通。

C0～C99 是断电复位型,当 PLC 电源断开,计数值会被清除。C100～C199 是断电保持型,停电后 PLC 会记住停电前的计数值,再来电时,在上一次的计数值上进行累计计数。

16 位计数器的设定值可以用十进制数直接设定,也可以通过数据寄存器设定,计数值在 1～32 767 之间。

例如,C0 的设定值为 10 时,16 位计数器工作过程示意图如图 6 - 20 所示。

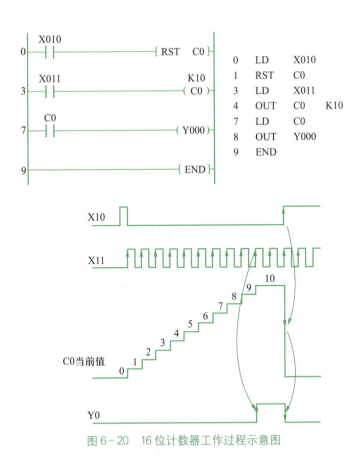

图 6-20　16 位计数器工作过程示意图

（2）32 位双向计数器

32 位双向计数器可以进行加计数或减计数，其分配区间为 C200～C234，其中 C200～C219 为断电复位型，C220～C234 为断电保持型。

32 位双向计数器可用常数 K 或数据寄存器 D 的内容作为设定值，设定的范围是 -2 147 483 648～2 147 483 647。使用数据寄存器设定计数值时，须使用两个地址相邻的数据寄存器。

C200～C234 分别对应特殊辅助继电器 M8200～M8234，当特殊辅助继电器接通（置 1）时，双向计数器为减计数器，断开（置 0）时，双向计数器为加计数器。

32 位双向计数器的计数过程是：加计数时，若计数值达到设定值，动合触点接通并保持；减计数时，若计数值达到设定值，动合触点断开。图 6-21 所示为 32 位双向计数器工作过程示意图。

在图 6-21 中，C200 对应的特殊辅助继电器为 M8200，设定值为 -5，输入信号为 X14，复位信号为 X13，加、减计数控制信号为 X12。

2. 高速计数器

高速计数器分配区间为 C235～C255，共有 21 个，高速计数器均为 32 位双向计数器，

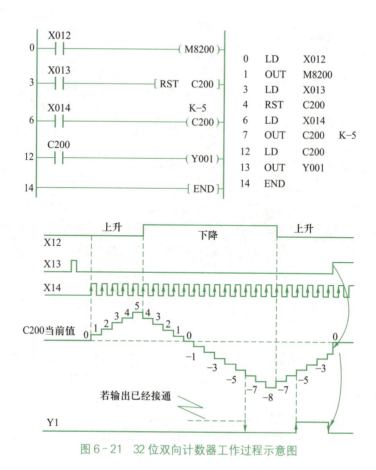

图6-21 32位双向计数器工作过程示意图

PLC的8个输入端子X0~X7作为21个高速计数器共用输入端,X0~X7输入端子不能同时用于多个计数器,在程序中只能分配给一个高速计数器使用。一旦某输入端子被分配给某高速计数器,需要使用该输入端子的其他高速计数器因为没有输入端子可用而不能在程序中使用。

高速计数器的应用是基于被测信号频率高于PLC的扫描频率而提出来的,因此高速计数器输入信号的处理不是采用循环扫描的工作方式,而是按照中断方式运行的。高速计数器是特殊的编程元件,有关高速计数器的应用,本书不予以具体介绍。

几点说明

(1)对于递加计数器而言,当计数器动作后,如果计数输入仍继续,计数器也不再计数,保持在设定值上直到用复位指令复位清零;如果停止驱动计数,计数器的触点也仍将保持动作状态,若要使触点复位,必须要使用复位指令。

(2)计数器与定时器组合应用。在图6-22所示梯形图和时序图中,T0每3 000 s接通一个扫描周期,计数器C0每隔3 000 s计数递加1。

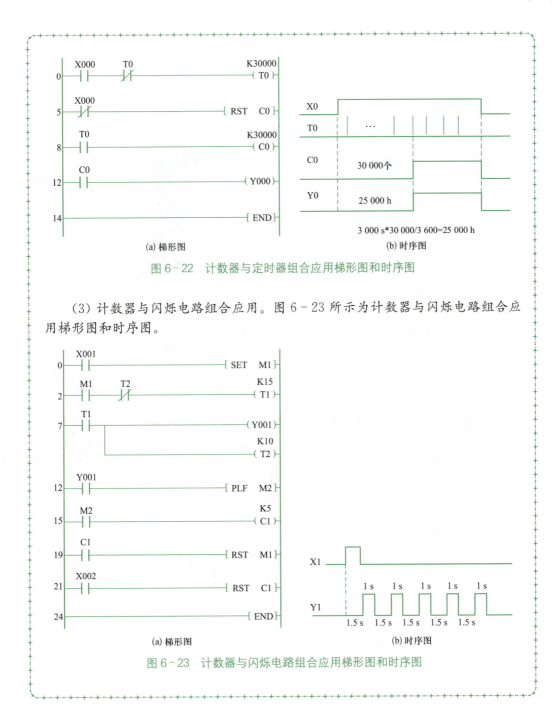

(a) 梯形图　　　　　(b) 时序图

图 6-22　计数器与定时器组合应用梯形图和时序图

（3）计数器与闪烁电路组合应用。图 6-23 所示为计数器与闪烁电路组合应用梯形图和时序图。

(a) 梯形图　　　　　(b) 时序图

图 6-23　计数器与闪烁电路组合应用梯形图和时序图

 **巩固与拓展**

一、巩固自测

1.制作一个两人用的抢答比赛装置,如图 6-24 所示。要求 A 先生使用的按钮接

X1,B先生使用的按钮接X2,A先生和B先生随着开始口令而同时按按钮,只有先按到10次的一方其指示灯才亮。假设到达10次后,对方的计数器会被停止,不再计数。各计数器都用按钮(接X3)来复位。A先生和B先生指示灯分别为蓝灯(接Y1)和红灯(接Y2),请设计出梯形图。

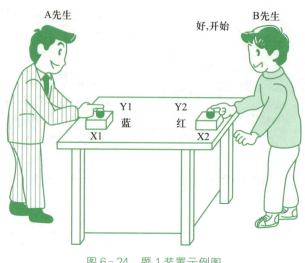

图6-24 题1装置示例图

2. 分析如图6-25所示的梯形图和时序图,并画出Y1的时序图。

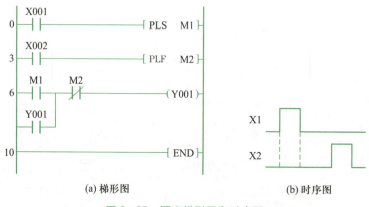

(a) 梯形图   (b) 时序图

图6-25 题2梯形图和时序图

3. 分析如图6-26所示的梯形图和时序图,并画出Y0和Y1的时序图。

4. 设计满足如图6-27所示时序图的梯形图。假定闪烁10次后,计数器能自动复位。

5. 用定时器和计数器组合来实现100天延时控制,请设计梯形图。

6. 有一条生产线,用光电感应开关X1检测传送带上通过的产品,有产品通过时X1为ON;如果连续10 s内没有产品通过,则发出灯光报警信号;如果连续20 s内没有产品

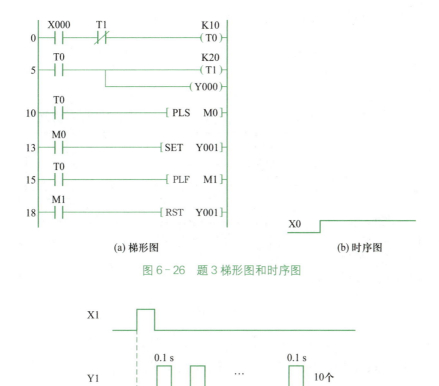

图 6-26　题 3 梯形图和时序图

图 6-27　题 4 时序图

通过,则灯光报警的同时发出声音报警信号;用 X0 输入端的开关解除报警信号,请设计梯形图,并写出其指令表。

7. 要求在 X0 从 OFF 变为 ON 的上升沿时,Y0 输出一个 2 s 的脉冲后自动变为 OFF。X0 为 ON 的时间可能大于 2 s,也可能小于 2 s,请设计梯形图。

8. 要求在 X0 从 ON 变为 OFF 的下降沿时,Y1 输出一个 1 s 的脉冲后自动变为 OFF。X0 为 ON 或 OFF 的时间不限,请设计梯形图。

9. 洗手间小便池在有人使用时,光电开关(X0)为 ON,此时冲水控制系统使电磁阀 (Y0)为 ON,冲水 2 s,4 s 后电磁阀又为 ON,又冲水 2 s,使用者离开时再冲水 3s,请设计梯形图。

二、拓展任务

1. 采用如图 6-28 所示的输入输出装置和 PLC 对传送带实施控制。要求将重物放置在传送带的 A 点,按下正转按钮时,传送带右行,重物在光电传感器之间往复运动 4 次后在左端的光电传感器 1 处停止。另外,在传送带运行时按下停止按钮可使其停止。传送带在正转时蓝灯点亮,反转时红灯点亮,停止时黄灯点亮。选择合适的 PLC,确定 I/O

点分配并正确接线,设计程序,接入实训装置,观察运行结果。

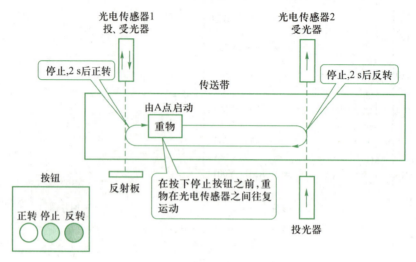

图 6-28 传送带控制示意图

2. 参照如图 6-29 所示装置示意图,按工作要求设计,选择合适的 PLC,确定 I/O 点分配并正确接线,设计程序,接入实训装置,观察运行结果。

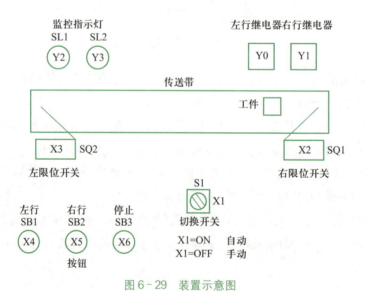

图 6-29 装置示意图

工作要求:

(1) 将切换开关切换到手动侧(X1=OFF),能实现手动运行:持续按下左行按钮 SB1 或右行按钮 SB2,传送带持续左行或右行。

(2) 将切换开关切换到自动侧(X1=ON),能实现自动运行:按下左行按钮 SB1,传送带左行,当工件到达左限位开关 SQ2 处时,传送带停止,停止 1 s 后传送带右行,工件到达右限位开关 SQ1 处时，传送带停止；在传送带左行时监控指示灯 SL1 点亮，右行时监控指示灯 SL2 点亮。

（3）在自动运行中，当将切换开关 S1 切换到手动侧时，或者当按下停止按钮 SB3 时，传送带立即停止，指示灯熄灭。

3. 设计一个仓库货物计数报警器。要求对每天存放的货物进行统计，当货物数量达到 50 件时，仓库监控室绿灯亮，当货物数量达到 100 件时，仓库监控室的红灯闪烁，并发出报警声，以提醒管理员注意。

4. 用 PLC 控制工作台自动往返运行，工作台前进、后退由电动机通过丝杆拖动，如图 6-30 所示。要求按下启动按钮，工作台自动循环工作；按下停止按钮，工作台停止；能进行点动控制；能循环运行（5 次）。

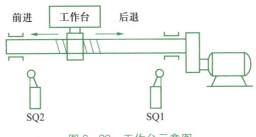

图 6-30 工作台示意图

文本

和利时 PLC
助力世界首
创超大直径
硬岩竖向掘
进机奋进

PLC 实现组合机床动力头运动控制

任务目标

（1）了解组合机床运动工作流程，学会画状态转移图。

（2）用 PLC 进行对象顺序控制时，能确定 I/O 点的分配，能正确接线。

（3）能熟练使用编程软件编制 SFC 程序，并调试。

任务描述

● 任务内容

在工业控制中，很多设备的动作都具有一定的顺序，如机械手的物件搬运、流水线的工件分拣与包装、安装机械上的流程控制等。这些动作是一步接一步进行的，可以很容易地画出其工作流程图。组合机床自动加工工件也属于这一类。

组合机床通常能自动完成工件加工，自动化程度高，生产效率高。图 7-1 所示为组合机床动力头运动控制系统示意图。它由液压驱动，工作原理是：一个电磁阀控制主轴运动方向，得电主轴前进，失电主轴后退；另一个电磁阀控制主轴运动速度，得电主轴快速运动，失电主轴慢速运动。工作过程为：工作台开始停在左边，限位开关 SQ1 为 ON，按下启动按钮 SB0 后，先快速前进，直至限位开关 SQ2 处，即 SQ2 为 ON，转为慢速前进（工进状态），对工件开始加工，加工到限位开关 SQ3 为 ON 时，转为快退，快退到限位开关

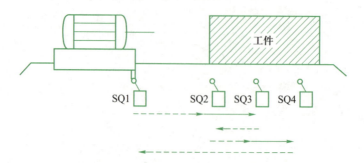

图 7-1 组合机床动力头运动控制系统示意图

SQ2 为 ON 时,再次快进,快进到限位开关 SQ3 为 ON 时,然后转为慢速前进(工进状态),加工到规定尺寸,即 SQ4 为 ON 时,快退回原位,限位开关 SQ1 为 ON 时停止,完成了一个工作周期。图 7-1 中实线箭头为工进慢速运动,虚线箭头为快速运动,箭头指向代表运动方向。

● 实施条件

教学做一体化教室,PLC 实训装置(含 FX3U-48MR PLC 基本单元),个人计算机(已安装 GX Works2 编程软件),电工常用工具若干,导线若干。

 任务实施

步骤一　准备工作。

通电检查实训装置是否正常,检查 PLC 与计算机的连接是否正常,置 PLC 于"STOP"状态。

步骤二　读懂控制要求,画出工作状态图。

根据上述工作任务要求,除初始状态外,可将工作过程分为六个顺序工作状态:从原位→快进到 SQ2 处→工进到 SQ3 处→快退至 SQ2 处→快进至 SQ3 处→工进至 SQ4 处→快退回原位 SQ1 处。将上述顺序工作过程用工作状态表示,每个状态的任务、转移条件和转移方向如图 7-2 所示。

(1) 初始状态:动力头在原点位置,当按下启动按钮,同时限位开关 SQ1 为 ON 时,从初始状态转向工作状态 1。

(2) 工作状态 1:快进到 SQ2 处,当 SQ2 为 ON 时,工作状态转移至工作状态 2。

(3) 工作状态 2:工进到 SQ3 处,当 SQ3 为 ON 时,工作状态转移至工作状态 3。

(4) 工作状态 3:快退至 SQ2 处,当 SQ2 为 ON 时,工作状态转移至工作状态 4。

(5) 工作状态 4:再次快进至 SQ3 处,当 SQ3 为 ON 时,工作状态转移至工作状态 5。

(6) 工作状态 5:继续工进至 SQ4 处,当 SQ4 为 ON 时,工作状态转移至工作状态 6。

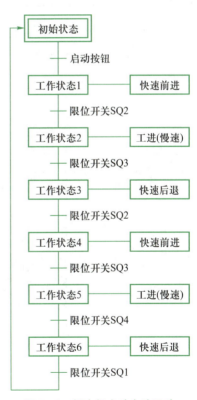

图 7-2　组合机床动力头运动控制工作状态图

(7) 工作状态 6:快退回原位 SQ1 处,当 SQ1 为 ON 时,工作状态返回初始状态。

从上述分析中可以看到,将复杂的控制任务分解成若干个工作状态,即可得到组合机床动力头运动控制工作状态图。

步骤三 设计 PLC 控制 I/O 分配表。

PLC 实现组合机床动力头运动控制 I/O 分配表见表 7-1。

表 7-1 PLC 实现组合机床动力头运动控制 I/O 分配表

类　别	元件	I/O 点编号	备　注
输　入	SB0	X0	启动按钮
	SQ1	X1	限位开关
	SQ2	X2	限位开关
	SQ3	X3	限位开关
	SQ4	X4	限位开关
输　出	YV1	Y0	电磁阀
	YV2	Y1	电磁阀

步骤四 画出 I/O 硬件接线图。

根据表 7-1,得到如图 7-3 所示 PLC 实现组合机床动力头运动控制 I/O 硬件接线图。

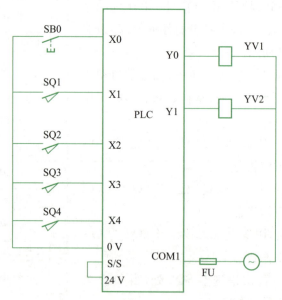

图 7-3 PLC 实现组合机床动力头运动控制 I/O 硬件接线图

步骤五 设计任务程序。

PLC 实现组合机床动力头运动控制状态转移图如图 7-4 所示。

步骤六 下载程序。

启动编程软件 GX Works2,将状态转移图程序正确地输入并下载到 PLC。

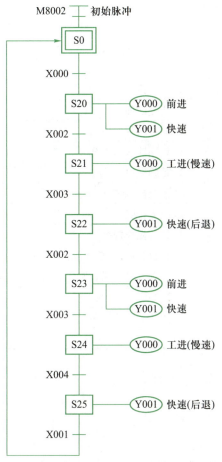

图 7-4　PLC 实现机床动力头运动控制状态转移图

步骤七　运行程序,整体调试。

将 PLC 的运行方式置于"RUN"状态。小组成员按下启动按钮 SB0,观察组合机床动力头的运行情况,并记录运行结果。

步骤八　整理技术文件。

 任务检查与评价

根据学生在任务实施过程中的表现,客观予以评价,评价标准见表 7-2。

表 7-2　评价标准

一级指标	比例	二级指标	比例	得分
电路设计及接线	20%	1. I/O 点分配	5%	
		2. 设计硬件接线图	5%	

续 表

一级指标	比例	二 级 指 标	比例	得分
电路设计及接线	20%	3. 元件的选择	5%	
		4. 接线情况	5%	
程序设计与输入	40%	1. 程序设计	20%	
		2. 指令的使用	5%	
		3. 编程软件的使用	5%	
		4. 程序输入与下载	10%	
系统整体运行调试	30%	1. 正确通电	5%	
		2. 系统模拟调试	10%	
		3. 故障排除	15%	
职业素养与职业规范	10%	1. 设备操作规范性	2%	
		2. 材料利用率,接线及材料损耗	2%	
		3. 工具、仪器、仪表使用情况	2%	
		4. 现场安全、文明情况	2%	
		5. 团队分工协作情况	2%	
总 计		100%		

 知识链接

一、状态转移图

状态转移图(SFC)也称顺序功能图,是一种将复杂任务或工作过程分解成若干工序(或状态)表达出来,同时又反映出工序(或状态)的转移条件和方向的图形编程语言。它既有工艺流程图的直观,又有利于复杂控制逻辑关系的分解与综合的特点。

状态转移图表达了控制意图,它将一个复杂的顺序控制过程分解为若干个状态,每个状态具有不同的动作,状态与状态之间由转换条件分隔,互不影响。当相邻两状态之间的条件得到满足时,就实现转移,即上面的动作结束而下一个状态开始。

状态转移图并不涉及所描述的控制功能的具体技术,而是一种通用的技术语言,可以供进一步设计和在不同专业的人员之间进行技术交流。现在多数PLC产品都有专门为使用状态转移图编程所设计的指令和元件,使用起来非常方便。状态转移图也是国际电工委员会的PLC编程语言标准(IEC 61131-3)中规定的编程语言之一,我国也颁布了状态转移图的国标(GB/T 21654—2008)。

二、状态继电器S

在状态编程方法中,通常用状态元件来表示系统的工序(或状态)。在FX3U系列和

FX2N 系列 PLC 中都有专用软元件状态继电器 S,其中 FX3U 系列 PLC 的状态继电器 S 的分配区间为 S0～S4095,共 4 096 点,FX2N 系列 PLC 的状态继电器 S 的分配区间为 S0～S999,共 1 000 点。

S0～S9:初始状态。

S10～S19:回零状态,用于多运行模式控制中返回原点的状态。

S20～S499:一般状态继电器,用于状态转移图的中间状态。

S500～S899:保持用状态继电器,有停电保持作用,用于需停电保持状态工作场合。这一区间可以通过参数设置为一般状态继电器。

S900～S999:报警专用状态继电器,用作报警元件。

S1000～S4095:保持用状态继电器,FX3U 系列 PLC 专有。

各状态元件的动合和动断触点在 PLC 内可以自由使用,使用次数不限,还可以做辅助继电器使用。

三、设计状态转移图的步骤

1. 分析系统,分离状态,进行状态编号

认真分析系统控制要求,将系统的工作过程分解成若干个连续的阶段,这些阶段称为"状态"或"步",状态数要适当,画出流程图。再将流程图中的"状态"或"步"用 PLC 的状态继电器来表示。给每个状态继电器编号,同一支路尽量使用相连的编号,但不得重复使用。

2. 找各状态所需执行的任务

列出每一个状态完成的操作或驱动的负载,用 PLC 的指令来实现。有的状态可能只有状态转移而没有其他的操作和负载驱动,所有的驱动均列在状态编号的右侧。

3. 找出各状态间转移的条件

状态与状态之间由转移条件来分隔和连接的,转移条件用 PLC 的触点或电路块来替代。转移条件得到满足时,转移得以实现,即上一步的活动结束而下一步的活动开始。转移条件的设定应符合状态分离的要求,应该是上一个状态结束信号又是下一个状态开始信号,一些行程开关、传感器、定时器、计数器通常是转移条件的来源。

4. 绘制状态转移图

根据系统的工作流程和控制要求画出状态转移图。状态转移图中有驱动负载、指定转移条件和指定转移方向三个要素,其中指定转移条件和指定转移方向是必不可少的,驱动负载要视具体情况而定。

几点说明

(1)为统一画法,状态转移图在绘制时具体操作如下:垂直连线表示转移,相邻两步的分割线,横杠线表示转移条件,初始步用双层方块表示,其他步用方块表示,动作用 PLC 相应的指令表示,如图 7-5 所示。

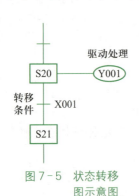

图7-5　状态转移
图示意图

（2）状态元件序号从小到大，不能颠倒，可以缺号。

（3）在某状态输出时，可以用 OUT 指令也可以使用 SET 指令。它们的区别是 OUT 指令驱动的输出在本步（状态）关闭后自动关闭，使用 SET 指令驱动的输出可保持到其他步（状态）执行，直到在程序某处使用 RST 指令使其复位。

（4）允许双线圈，即在不同的状态下，对同一个元件多次执行 OUT 指令。

（5）只有当某一状态被"激活"成为活动状态时，状态的负载驱动和转移处理才可能执行；若对应的状态"未激活"，则状态的负载驱动和转移处理不可能执行。

因此，除初始状态外，其他状态只有在前一个状态处于"激活"且转移条件满足时才可能被"激活"；同时一旦下一个状态被"激活"，上一个状态自动变成"无电"。从 PLC 的循环扫描来看，所谓"激活"就是该段程序可以被扫描执行；而"无电"或"未激活"就为该段程序被跳过，未能扫描执行。也可以将状态转移图理解为"接力赛跑"，只要跑好自己这一棒，接力棒传给下一个参赛者，就由下一个人去跑，自己可以休息了。

四、GX Works2 编程软件 SFC 的编制

视频

SFC程序的
编制

根据对象控制要求可以直接画出状态转移图，如何让 PLC 来识别状态转移图呢？一种方法是将状态转移图编写成相应的梯形图，再输入 PLC 进行调试运行；另一种方法是直接利用 GX Works2 编程软件中的 SFC 编程功能。在复杂程序中，建议直接用 SFC 编程，SFC 编程有利于对程序的总体把握，在调试时特别方便。

1. GX Works2 编程软件状态转移图的编制步骤

（1）启动软件，选择菜单栏中"工程"→"新建工程"命令，弹出"新建工程"对话框，如图7-6所示。在程序语言中选择"SFC"，单击"确定"按钮。弹出如图 7-7 所示的"块信息设置"对话框。

（2）在"块信息设置"对话框中输入块标题"初始块"，块类型选择"梯形图块"，如图7-8所示。在进行 SFC 编程时，块分为两种类型，一种是梯形图块，另一种是 SFC 块。所谓梯形图块是指不属于步状态、游离于整个步结构之外的梯形图部分，如起始、结束、单独关停及其他专门要求的内容，这些内容无法编制到 SFC 块中，只能单独处理。而 SFC 块是指步与步相连的状态转移图。要使状态转移图工作，第一步必须有一条梯形图语句，它是一个梯形图块，要单独作为一个块来处理。

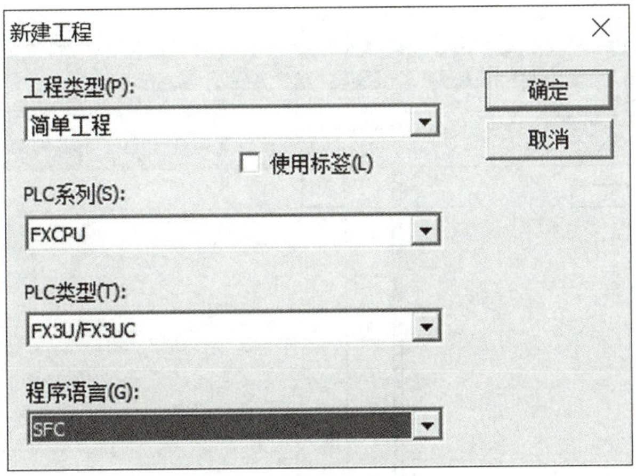

图 7-6 "新建工程"对话框

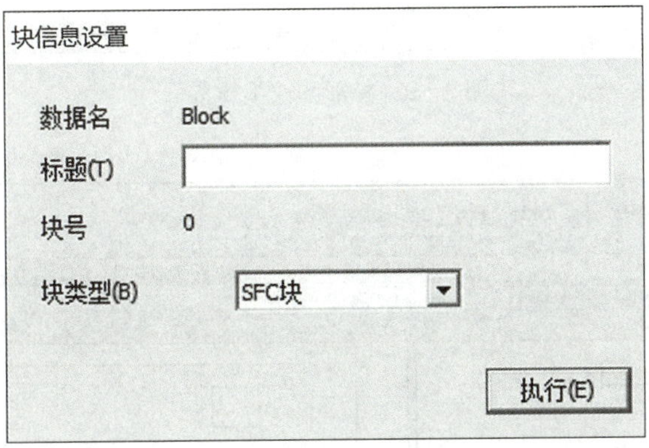

图 7-7 "块信息设置"对话框

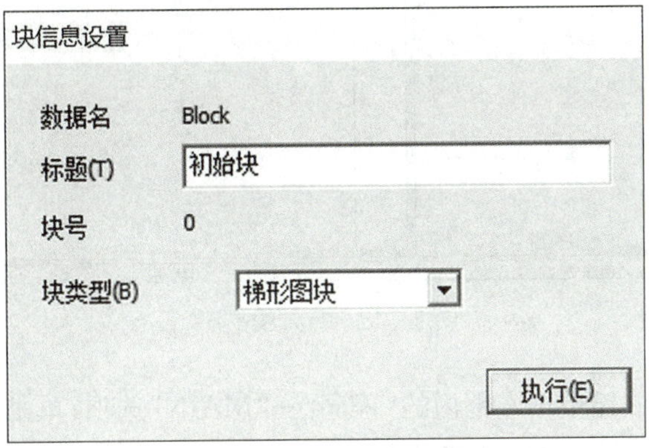

图 7-8 梯形图块设置

　　(3) 单击"执行"按钮,在左侧框内的"MAIN"列表中就会出现一个编号为"000"的块,如图 7-9 所示。按梯形图的写法在右边框处写入语句,并转换,如图 7-10 所示。

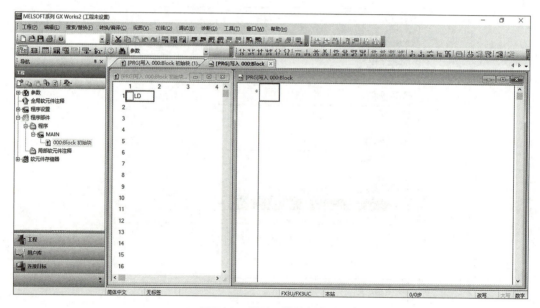

图 7 - 9　梯形图块编辑界面

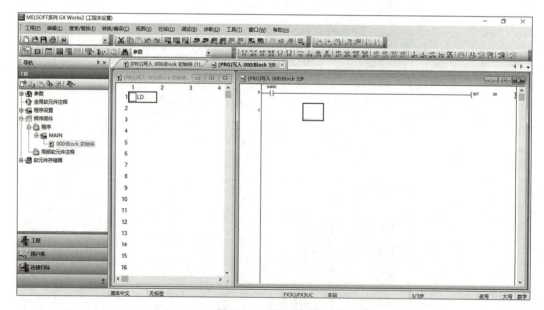

图 7 - 10　写入梯形图

（4）新建数据。右键单击左框内的"程序"→"MAIN"选项，单击"新建数据"命令，再单击"确定"按钮，弹出"块信息设置"对话框，如图 7 - 11 所示。

（5）定义 SFC 块。在"块信息设置"对话框中输入块标题为"主程序"，块类型选择"SFC 块"，如图 7 - 12 所示。单击"执行"按钮，在左侧框内的"MAIN"列表中就会增加一个编号为"001"的块，如图 7 - 13 所示。

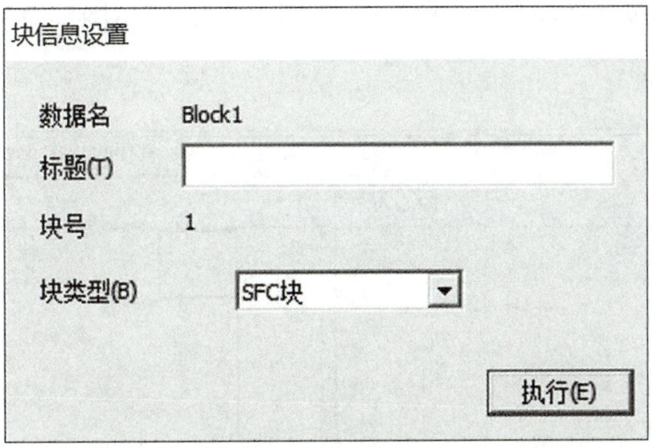

块信息设置

数据名　　Block1

标题(T)　[　　　　　　　　　　　　　　　　]

块号　　　1

块类型(B)　[　SFC块　　　　　　▼]

[执行(E)]

图 7-11　新建数据

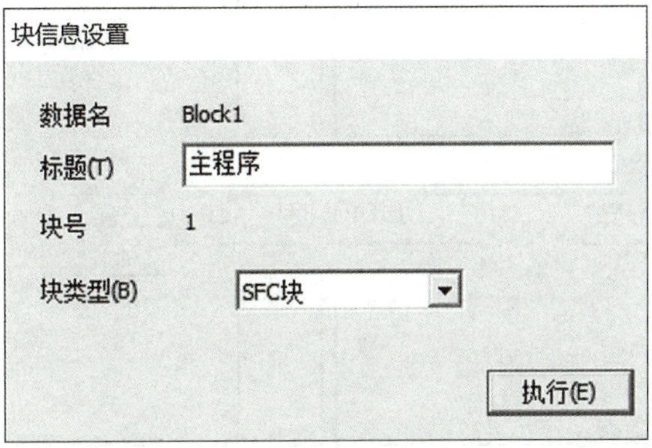

块信息设置

数据名　　Block1

标题(T)　[主程序　　　　　　　　　　　　　]

块号　　　1

块类型(B)　[　SFC块　　　　　　▼]

[执行(E)]

图 7-12　SFC 块设置

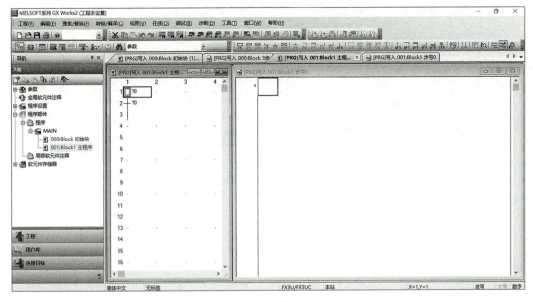

图 7-13　SFC 块编辑界面

（6）输入程序。按回车键，一直到框图与程序一致，最后图形符号选择"JUMP"，步改为"0"，如图 7 - 14 所示。

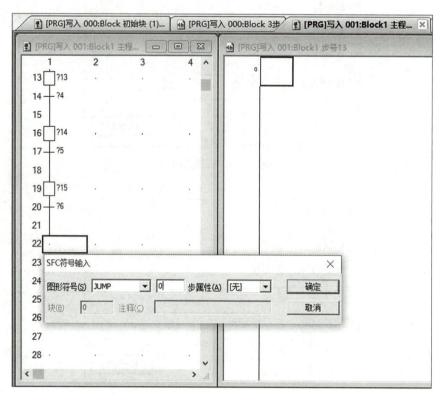

图 7 - 14　操作指示界面

（7）单击"确定"按钮，并将光标移到每步的右侧，按程序修改步编号，如图 7 - 15 所示。

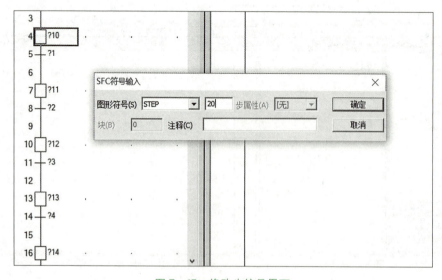

图 7 - 15　修改步编号界面

(8) 把光标移到转移条件"? 0"处,在右框内填写"X0",每一个转移条件后都要加"TRAN"。这个可以直接用指令输入,也可以按 F8 键完成,完成后按 F4 键转换,如图 7－16 所示。

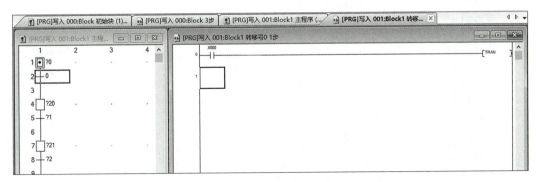

图 7－16　写入转移条件

(9) 把光标放到步 20,写入步 20 的输出内容,按 F4 键转换,"? 20"中的"?"会消失,如图 7－17 所示。

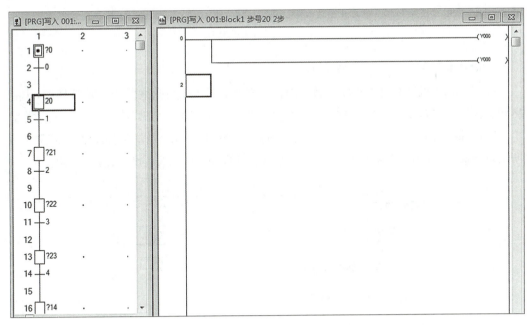

图 7－17　写入输出内容

(10) 同样步骤,完成全部程序的写入,如图 7－18 所示。初始步 0 没有输出,故有"?"存在。

以上的步骤完成了程序的写入。另外,在 SFC 编程功能中也可以监视每一步的运行情况,操作方法与梯形图相同。

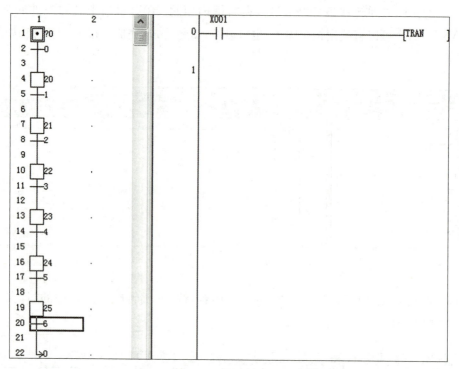

图 7-18 写入全部程序

2. 状态转移图转换成步进梯形图

GX Works2 编程软件能把状态转移图转换成梯形图。在完成整个 SFC 块转换后,才能将状态转移图转换成梯形图。选择菜单栏中"工程"→"工程类型更改"命令,弹出"工程类型更改"对话框,如图 7-19 所示。选择"更改程序语言类型",单击"确定"按钮,弹出如图 7-20 所示对话框,单击"确定"按钮,GX Works2 编程软件自动将状态转移图转换成梯形图。

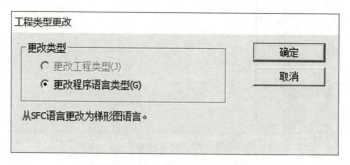

图 7-19 "工程类型更改"对话框

GX Works2 编程软件能自动把状态转移图转换成梯形图,双击左侧框内的"MAIN"选项,梯形图就显示在右侧的编辑区里。图 7-21 所示为 PLC 实现组合机床动力头运动控制梯形图。

图 7-20　"更改确认"对话框

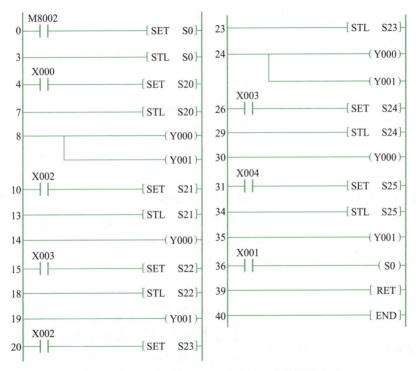

图 7-21　PLC 实现组合机床动力头运动控制梯形图

五、步进指令 STL 与 RET

许多 PLC 都有专门用于编制顺序控制程序的步进梯形图指令及编程元件。步进梯形图指令简称 STL 指令,FX 系列 PLC 还有一条 RET 指令,利用这两条指令可以很方便地编制状态转移图的指令表程序。

1. STL 指令

STL 指令只有和状态继电器 S 配合才有步进功能。使用 STL 指令的状态继电器动合触点称为 STL 触点,用符号 ┤┣ 表示,没有动断的 STL 触点。STL 指令用于激活某个状态,在梯形图上体现为从主母线上引出状态触点,有建立子母线的功能,以使该状态的所有操作都在子母线上进行,STL指令的状态转移图、梯形图和指令表如图7-22所示。

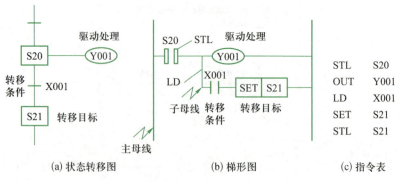

(a) 状态转移图   (b) 梯形图   (c) 指令表

图7-22 STL指令的状态转移图、梯形图和指令表

从图7-22中可以看出,状态转移图与梯形图之间的关系,用状态继电器代表状态转移图各步,每一步具有三种功能,即负载驱动处理、指定转移条件和指定转移目标。

图中STL指令执行过程是:当S20为活动步时,S20的STL指令触点接通,负载Y1输出;如果转移条件X1满足,后继步S21被置位变成活动步,同时前级步S20自动断开变成非活动步,输出Y1也断开。

使用STL指令使新的状态置位,前一状态自动复位。STL触点接通后,与此相连的电路被执行;当STL断开时,与此相连的电路停止执行。

2. RET 指令

RET指令用于返回主母线。该指令使步进指令顺控程序执行完毕时,非步进顺控程序的操作在主母线完成。为防止出现逻辑错误,步进顺控程序的结尾必须使用RET指令。RET指令的梯形图和指令表如图7-23所示。

```
      S25
      ┤├──────(Y001)
      X001
      ┤├──────(S0)
              [RET]
```

STL	S25
OUT	Y001
LD	X001
OUT	S0
RET	

(a) 梯形图   (b) 指令表

图7-23 RET指令的梯形图和指令表

几点说明

(1) 在GX Works2编程软件中,STL和RET为单独一行,如图7-24所示。

(2) 与STL指令触点相连的触点应使用LD或LDI指令,即LD点移到STL触点的右侧,该点成为子母线,下一条STL指令的出现意味着当前STL程序区的结束和新的STL程序区的开始。RET指令意味着整个STL程序区的结束,LD点返回左侧主母线。每个STL触点驱动的电路一般放在一起,最后一个STL电路结束时,一定要使用RET指令,否则将出现"程序语法错误"信息,PLC不能执行用户程序。

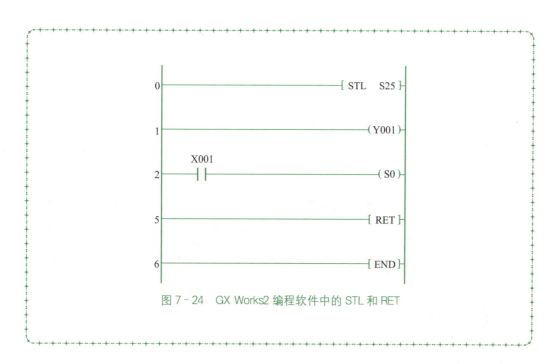

图 7 - 24　GX Works2 编程软件中的 STL 和 RET

六、步进梯形图编程注意事项

对于较简单的顺序控制，可以直接利用步进指令来编制梯形图，即步进梯形图，在具体使用步进梯形图指令编程时，要注意以下几点。

1. 初始状态必须预先做好驱动，否则状态流程不可能向下进行，一般用控制系统的初始条件，若无初始条件，可用 M8002 或 M8000 进行驱动。其他状态步之间的转移条件不能有 ORB 和 ANB 指令，否则将出错。

2. 步进点编号不要重复，在步进开始时，必须使用 SET 指令使该步进点置位。当 STL 指令执行时，表示 PLC 正在执行当前 STL 后面的梯形图的内容。

3. 在步进梯形图中，不同步中可以使用同一个输出线圈，因为当上一个步进点结束后，转移到下一个步进点，上一个步进点的所有输出自动复位，如图 7 - 25 所示的在步 S20 和步 S21 中的输出 Y0。

4. 同一编号的定时器不要在相邻的步进点使用，不是相邻的步则可以使用。

5. 不能同时动作的输出线圈不要设在相邻的步进点内，如果非要这么做，则必须采取联锁保护，包括硬联锁和软联锁，如图 7 - 26 所示为软联锁的应用。

6. 在步进程序中不应有 MC、MCR 指令，可以使用跳转指令。在中断程序和子程序中也不能使用 STL 指令。MPS、MPP、MRD 不能直接连接到 STL 触点。

7. 需要在停电恢复后继续维持停电前的运行状态时，可使用 S500～S899 保持用状态继电器。

```
                              [ STL    S20 ]

                              (Y000)

                              (Y001)                          [ STL    S25 ]
  X002                                         Y002
 ─┤├─                         [ SET    S21 ]   ─┤/├─          (Y001)

                              [ STL    S21 ]                  [ STL    S26 ]
                                              Y001
                              (Y000)          ─┤/├─          (Y002)
```

图7-25 不同的步中可以使用同一个输出线圈　　　　　图7-26 软联锁的应用

巩固与拓展

一、巩固自测

1. 设计一个三相电动机循环正反转的控制系统,其控制要求如下:按下启动按钮,电动机正转 3 s,暂停 2 s,反转 3 s,暂停 2 s,如此循环;按下停止按钮可停止电动机。根据控制要求画出状态转移图。

2. Y-D降压启动控制要求如下:按下启动按钮,电动机定子绕组接成星形联结启动,延时 6 s后,自动将电动机的定子绕组换接成三角形联结运行;按下停止按钮,电动机停止。根据控制要求画出状态转移图。

3. 利用所学的知识讨论并设计:当按下启动按钮(X1)时,指示灯能按图7-27所示变换状态反复亮灭。根据控制要求画出状态转移图(绿灯接 Y1,黄灯接 Y2,红灯接 Y3)。

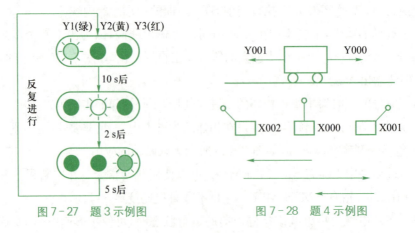

图7-27 题3示例图　　　　　　图7-28 题4示例图

4. 小车在初始位置时中间的限位开关 X0 为"**1**"状态,按下启动按钮 X3,小车按如图

7-28所示的顺序动作,最后返回并停在初始位置,试画出状态转移图,并利用GX Works2编程软件转换成梯形图。

二、拓展任务

1. 在PLC实训装置上模拟实现简易机械手运料系统控制,如图7-29所示。要求机械手将工件从A搬运到B,左上位为原点位,机械手位于原点位时原点指示灯会亮。自动控制时,按下启动按钮,机械手从原点位开始,自动完成一个工作周期,若中途按下停止按钮,机械手运行到原点位后才停止。

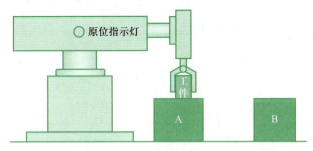

图7-29　机械手运料系统示意图

机械手的上升、下降与左移、右移都是由双线圈两位电磁阀驱动气缸实现的。抓手对工件的松夹是由一个单线圈两位电磁阀驱动气缸完成,只有在电磁阀通电时抓手才能夹紧。该机械手工作从原点位开始,按下降、夹紧、上升、右移、下降、松开、上升、左移的顺序依次运动。机械手工作过程示意如图7-30所示(延时时间为3 s)。

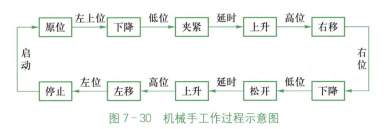

图7-30　机械手工作过程示意图

(1) 选择合适的PLC,进行I/O点分配和硬件接线,画出状态转移图。

(2) 试着用步进梯形图来设计,写出指令表。

2. 在PLC实训装置上模拟实现液体混合装置控制。图7-31所示为两种液体混合装置示意图,SL1、SL2、SL3为上限位、中限位、下限位液位传感器,阀A、阀B与混合液体阀门由电磁阀YV1、YV2、YV3控制,M为搅匀电机,控制要求如下。

开始时容器是空的,各阀门均关闭,液位传感器均为OFF,按下启动按钮后,装置就开始按下列约定的规律操作:阀A打开,液体A流入容器,当液面到达SL2时,SL2接通,关闭阀A,打开阀B;液面到达SL1时,关闭阀B,搅匀电机开始搅匀;搅匀电机工作 6 s 后停止,混合液体阀门打开,开始放出混合液体;当液面下降到 SL3 时,SL3 由接通变为断开,再过 5 s 后,容器放空,混合液体阀门关闭,开始下一周期。

按下停止按钮后,在当前的混合液操作处理完毕后,才停止操作(停在初始状态上)。

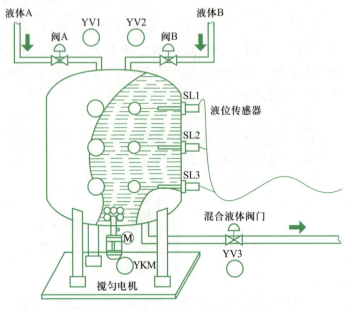

图 7 - 31　两种液体混合装置示意图

PLC 实现大、小球传送控制

任务目标

(1) 学会用状态转移图设计选择性流程。

(2) 学会用状态转移图设计并行性流程。

(3) 用 PLC 进行复杂对象顺序控制时,能确定 I/O 点的分配,能正确接线。

任务描述

● 任务内容

在生产过程中,经常要对流水线上的产品进行分拣,图 8-1 所示为大、小球分拣机示意图。机械臂将大球、小球分类送到右边两个不同的位置,为保证安全操作,要求机械臂必须在原点状态才能启动运行。

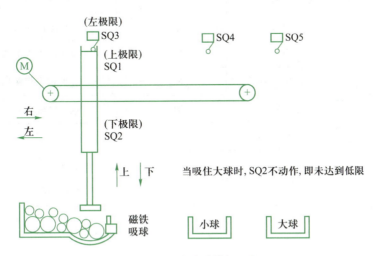

图 8-1 大、小球分拣机示意图

● 实施条件

教学做一体化教室,PLC 实训装置(含 FX3U - 48MR PLC 基本单元),个人计算机

（已安装 GX Works2 编程软件），电动机，电工常用工具若干，导线若干。

 **任务实施**

步骤一　准备工作。

通电检查实训装置是否正常，检查 PLC 与计算机的连接是否正常，置 PLC 于
"STOP"状态。

步骤二　读懂控制要求。

如图 8-1 所示，左上位为原点，机械臂的动作顺序为下降、吸住、上升、右行、下降、释
放、上升、左行。该控制流程有吸住的是大球还是小球两个分支，且属于选择性分支。机
械臂下降时，当电磁铁压着大球时，下极限限位开关 SQ2 断开，压着小球时，SQ2 接通，以
此可判断吸住的是大球还是小球，再根据判断，把球送到指定的位置。

步骤三　设计 PLC 控制 I/O 分配表。

PLC 实现大、小球传送控制 I/O 分配表见表 8-1。

表 8-1　PLC 实现大、小球传送控制 I/O 分配表

类　别	元件	I/O 点编号	备　注
输　入	SB0	X000	启动按钮
	SQ1	X001	上极限限位开关
	SQ2	X002	下极限限位开关
	SQ3	X003	左极限限位开关
	SQ4	X004	放小球右极限限位开关
	SQ5	X005	放大球右极限限位开关
输　出	YA0	Y000	电磁铁线圈
	YV1	Y001	上升线圈
	YV2	Y002	下降线圈
	YV3	Y003	左移线圈
	YV4	Y004	右移线圈

步骤四　画出 I/O 硬件接线图。

根据表 8-1，得到如图 8-2 所示 PLC 实现大、小球传送控制 I/O 硬件接线图。

步骤五　设计任务程序。

PLC 实现大、小球传送控制状态转移图如图 8-3 所示。

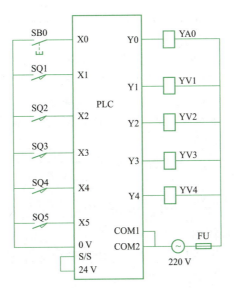

图 8-2　PLC实现大、小球传送控制 I/O 硬件接线图

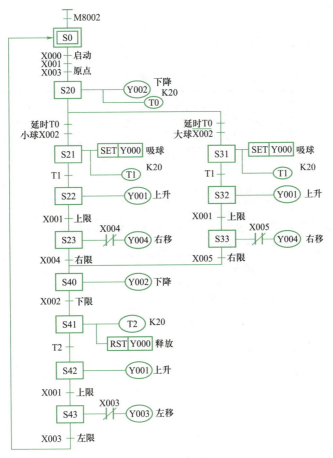

图 8-3　PLC实现大、小球传送控制状态转移图

> **几点说明**
>
> （1）图8-3所示为具有两个分支的选择性流程程序，当S20动作后，如果小球分支条件（T0，X2）接通，就顺次执行S21、S22、S23和S40等步；如果大球分支条件（T0、$\overline{\text{X2}}$）接通，就顺次执行S31、S32、S33和S40等步。
>
> （2）分支转移条件不能同时接通，同一时刻最多只能有一个接通状态。哪个接通，就执行哪个分支流程。

步骤六 下载程序。

启动GX Works2编程软件，将状态转移图程序正确地输入并下载到PLC。

步骤七 运行程序，整体调试。

将PLC的运行方式置于"RUN"状态。小组成员按下启动按钮SB0，观察大、小球传送的运行情况，并记录运行结果。

步骤八 整理技术文件。

 任务检查与评价

根据学生在任务实施过程中的表现，客观予以评价，评价标准见表8-2。

表 8 - 2 评 价 标 准

一级指标	比例	二 级 指 标	比例	得分
电路设计及接线	20%	1. I/O点分配	5%	
		2. 设计硬件接线图	5%	
		3. 元件的选择	5%	
		4. 接线情况	5%	
程序设计与输入	40%	1. 程序设计	20%	
		2. 指令的使用	5%	
		3. 编程软件的使用	5%	
		4. 程序输入与下载	10%	
系统整体运行调试	30%	1. 正确通电	5%	
		2. 系统模拟调试	10%	
		3. 故障排除	15%	
职业素养与职业规范	10%	1. 设备操作规范性	2%	
		2. 材料利用率，接线及材料损耗	2%	

续　表

一级指标	比例	二　级　指　标	比例	得分
职业素养与 职业规范	10%	3. 工具、仪器、仪表使用情况	2%	
		4. 现场安全、文明情况	2%	
		5. 团队分工协作情况	2%	
总　　计		100%		

 知识链接

一、单流程、选择性流程和并行性流程

任务七介绍的组合机床动力头运动工作过程属于单流程,所谓单流程是指状态转移只有一种顺序,没有其他分支。在较复杂的顺序控制中,一般都是多流程的控制,常见的有选择性流程和并行性流程两种。

在顺序控制过程常包含几个分支的顺序动作,如果只允许这几个分支选择其中一支执行,这就是选择性流程;如果所有分支需同时开始执行,且全部分支的顺序动作结束后会汇合到同一状态,这就是并行性流程。

二、GX Works2 编程软件选择性流程的输入

在 GX Works2 编程软件中,选择性流程编程如图 8-4 所示和 8-5 所示,分别是选择性流程分支和汇合的输入。

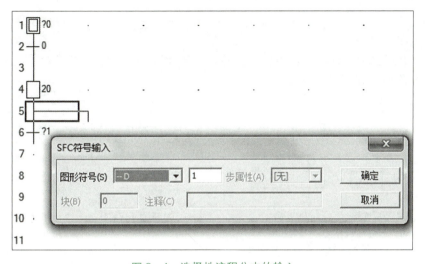

图 8-4　选择性流程分支的输入

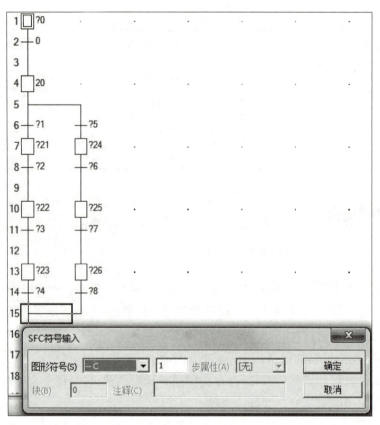

图8-5　选择性流程汇合的输入

在 GX Works2 编程软件中,选择性流程(大、小球传送控制)的状态转移图如图8-6所示。

利用 GX Works2 编程软件可以将选择性流程的状态转移图直接转换为梯形图,操作方法与单流程相同,请读者自行转换。

几点说明

选择性流程要注意转换条件设置的合理性,图8-7和图8-8所示为选择性流程分支条件、汇合条件示意图。

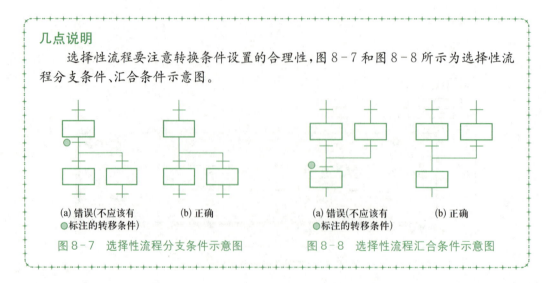

(a) 错误(不应该有 ●标注的转移条件)	(b) 正确

图8-7　选择性流程分支条件示意图

(a) 错误(不应该有 ●标注的转移条件)	(b) 正确

图8-8　选择性流程汇合条件示意图

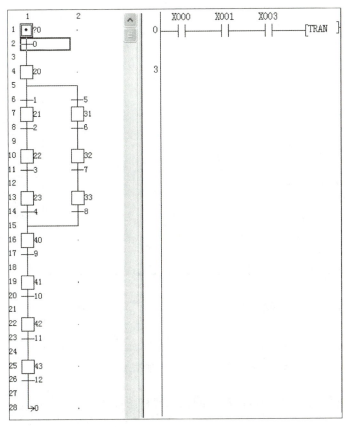

视频

SFC 转换成
梯形图的
方法

图8-6　选择性流程的状态转移图

三、GX Works2 编程软件并行性流程的输入

在 GX Works2 编程软件中，并行性流程编程如图 8-9 所示和 8-10 所示，分别是并行性流程分支和汇合的输入。

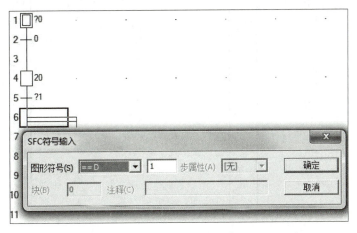

动画

PLC 控制
灌装封瓶

图8-9　并行性流程分支的输入

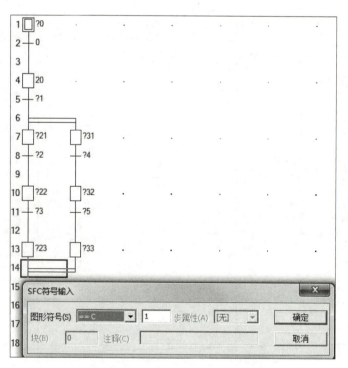

图 8 - 10　并行性流程汇合的输入

在 GX Works2 编程软件中，并行性流程的状态转移图如图 8 - 11 所示。

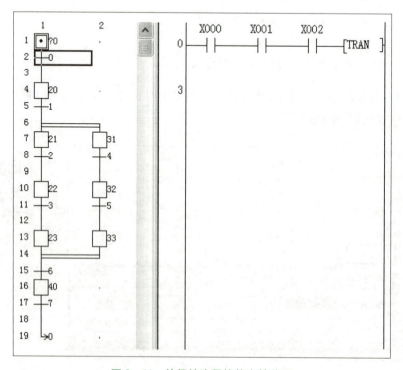

图 8 - 11　并行性流程的状态转移图

几点说明

（1）并行性流程要注意转换条件设置的合理性。图8-12和图8-13所示为并行性流程分支条件、汇合条件示意图。

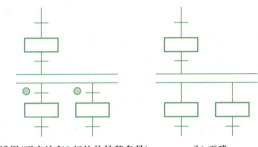

(a) 错误(不应该有●标注的转移条件)　　　(b) 正确

图8-12　并行性流程分支条件示意图

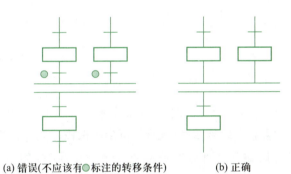

(a) 错误(不应该有●标注的转移条件)　　　(b) 正确

图8-13　并行性流程汇合条件示意图

（2）并行性分支的汇合最多能实现8个分支的汇合。不允许出现如图8-14a所示的转移条件，要转换为图8-14b后，再进行编程。

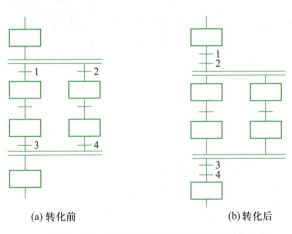

(a) 转化前　　　　　　　　　　(b) 转化后

图8-14　并行分支与汇合流程的转换

四、复杂流程的设计

在复杂的顺序控制中,常常会有选择性流程、并行性流程的组合,对于这类复杂的流程如何设计? 下面对几种常见的复杂流程作简单的介绍。

1. 选择性汇合后的选择性分支。图 8-15a 所示为一个选择性汇合后的选择性分支的状态转移图,要对这种状态转移图进行编程,必须要在选择性汇合后和选择性分支前插入一个虚拟状态(如 S100)才可以编程,如图 8-15b 所示。

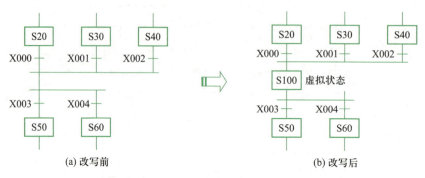

图 8-15　选择性汇合后的选择性分支的改写

2. 并行性汇合后的并行性分支。图 8-16a 所示为一个并行性汇合后的并行性分支的状态转移图,要对这种状态转移图进行编程,可参照选择性汇合后的选择性分支的编程方法,即在并行性汇合后和并行性分支前插入一个虚拟状态(如 S101)才可以编程,如图 8-16b 所示。

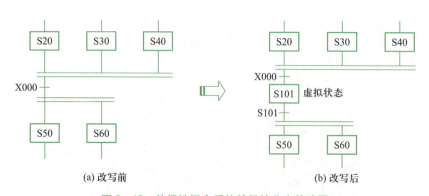

图 8-16　并行性汇合后的并行性分支的改写

3. 选择性汇合后的并行性分支。图 8-17a 所示为一个选择性汇合后的并行性分支的状态转移图,要对这种状态转移图进行编程,必须在选择性汇合后和并行性分支前插入一个虚拟状态(如 S102)才可以编程,如图 8-17b 所示。

4. 并行性汇合后的选择性分支。图 8-18a 所示为一个并行性汇合后的选择性分支的状态转移图,要对这种状态转移图进行编程,必须在并行性汇合后和选择性分支前插入

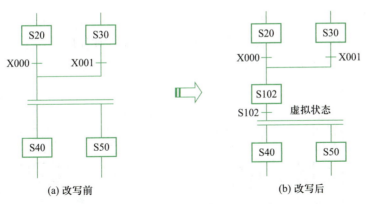

图8-17 选择性汇合后的并行性分支的改写

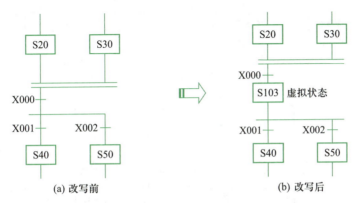

图8-18 并行性汇合后的选择性分支的改写

一个虚拟状态(如S103)才可以编程,如图8-18b所示。

5. 在同一流程中,分支或并行汇合总计不能超过16个。

6. 通过等效变换,合并分支线或移动条件,可以使编程变得更加方便。图8-19a所示的状态转移图可以改写为图8-19b所示的状态转移图。

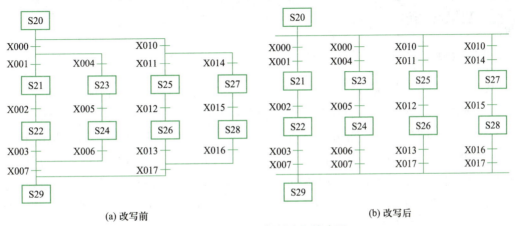

图8-19 复杂选择性流程的改写

7. 在移动条件中,不可以使用 ANB、ORB、MPS、MRD、MPP 等指令。

8. 当状态转移图中的跳转分支较多时,分清属于何种跳转,用箭头表示出来。图 8 - 20所示为几种常见形式的跳转,其中,图 8 - 20a 为向前跳转,图 8 - 20b 为向后跳转,图 8 - 20c 为向另外程序跳转。

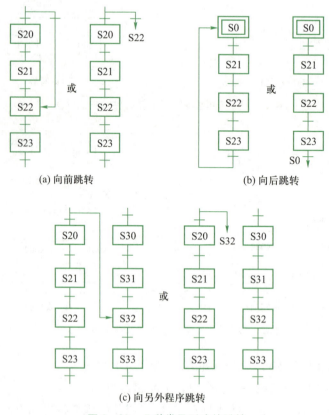

图 8 - 20　几种常见形式的跳转

 **巩固与拓展**

一、巩固自测

1. 将如图 8 - 21 所示选择性流程的状态转移图输入 PLC 中,并转换为梯形图。

2. 将如图 8 - 22 所示并行性流程的状态转移图输入 PLC 中,并转换为梯形图。

3. 有一停车场的进出口采用一条通道,如图 8 - 23 所示。每次只许一辆车进出,在进出通道的两端设置有红绿灯,绿灯表示该方向可以行驶,红灯则表示该方向禁止行驶,光电开关 X1 和 X0 用于检测是否有车经过,当有车通过时,相应光电开关为 ON。没有车进出时,出入口的绿灯都亮。当有车进入车道时,出端的绿灯灭而红灯亮,以警示其他车辆不得开出通道;车开出通道时,入端的绿灯灭而红灯亮,以警示其他车辆不得进入通道。请

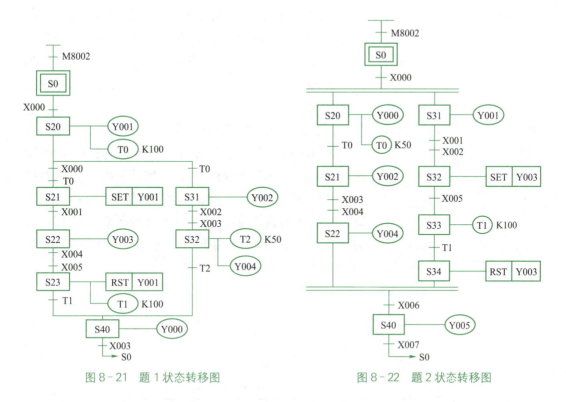

图 8-21　题1状态转移图　　　　　图 8-22　题2状态转移图

用选择性流程的状态转移图来实现控制(注意合理使用光电开关的脉冲上升沿和下降沿)。

图 8-23　停车场示意图

4. 设计一段程序,要求按启动按钮后,实现彩灯 L1、L2、L3 和 L4 每间隔 2 s 逐个点亮,循环 5 次后停止,如此反复。

二、拓展任务

1. 在 PLC 实训装置上模拟实现某双头钻床加工零件控制。要求在该零件两端分别加工大小深度不同的孔,如图 8-24 所示。操作人员将工件放好后,换下启动按钮,工件被夹紧,夹紧后压力继电器为 ON,在各自电磁阀的控制下,大钻头和小钻头同时开始向下进给。大钻头钻到预先设定的终点限位深度 SQ3 时,由其对应的后退电磁阀控制它向

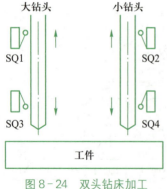

图 8-24 双头钻床加工
零件示意图

上退回到原始位置 SQ1,大钻头到位指示灯亮,保持10 s;小钻头钻到预先设定的终点限位深度 SQ4 时,由其对应的后退电磁阀控制它向上退回到原始位置 SQ2,小钻头到位指示灯亮,也保持10 s。然后工件被松开,松开到位,系统返回初始状态。

2. 在 PLC 实训装置上模拟实现按钮式人行横道信号灯控制,如图 8-25 所示。控制要求如下:如图 8-26 所示,开始时车道信号为绿灯,人行道信号为红灯;按人行横道按钮 X0 或 X1,车道仍为绿灯,人行道仍为红灯;30 s 后车道为黄灯,人行道仍为红灯;再过 10 s 后车道变为红灯,人行道仍为红灯;5 s 后人行道变为绿灯;15 s 后人行道绿灯开始闪烁,闪烁 5 次后人行道变为红灯,期间车道仍为红灯;5 s 后返回初始状态,完成一个周期的动作。

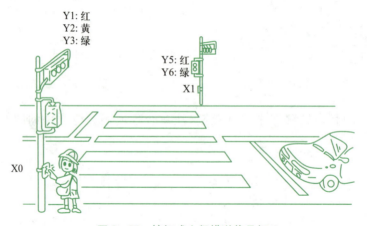

图 8-25 按钮式人行横道信号灯

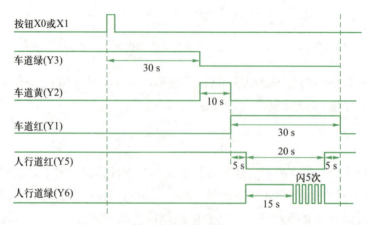

图 8-26 按钮式人行横道信号灯的示意图

PLC 实现工作台自动往返循环控制

任务目标

(1) 掌握功能指令的基本格式和使用注意事项。

(2) 能应用功能指令编写较复杂的程序。

(3) 能使用编程软件输入功能指令编写程序,并正确调试。

任务描述

● 任务内容

图 9-1 所示为工作台工作示意图。工作台前进及后退由电动机通过丝杠拖动,要求实现如下控制功能。

(1) 点动控制。

(2) 自动循环控制。单次运行,即工作台前进及后退一次后停止在原位,碰到换向行程开关时不延时;6 次循环计数控制,即工作台前进及后退一次为一个循环,每碰到换向行程开关时停止 3 s 后再运行,循环 6 次后停止在原位,原位在 SQ2 处。

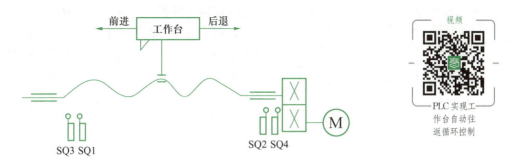

图 9-1 工作台工作示意图

● 实施条件

教学做一体化教室,PLC 实训装置(含 FX3U-48MR PLC 基本单元),个人计算机(已安装 GX Works2 编程软件),电动机,电工常用工具若干,导线若干。

任务实施

步骤一   准备工作。

通电检查实训装置是否正常,检查 PLC 与计算机的连接是否正常,置 PLC 于"STOP"状态。

步骤二   读懂控制要求。

从任务内容来看,要求有点动控制和自动循环控制,在自动循环控制中,工作台还有前进、后退、限位、停止等,分单次运行和 6 次循环计数控制等。

步骤三   设计 PLC 控制 I/O 分配表。

PLC 实现工作台自动往返循环控制 I/O 分配表见表 9-1。

表 9-1   PLC 实现工作台自动往返循环控制 I/O 分配表

类 别	元件	I/O 点编号	备 注
输 入	S1	X000	点动/自动选择开关
	SB1	X001	停止按钮
	SB2	X002	前进点动/启动按钮
	SB3	X003	后退点动
	S2	X004	单次/6 次循环选择开关
	SQ1	X005	前进转后退的开关
	SQ2	X006	后退转前进的开关
	SQ3	X007	前进限位开关
	SQ4	X010	后退限位开关
输 出	KM1	Y001	接触器(前进)
	KM2	Y002	接触器(后退)

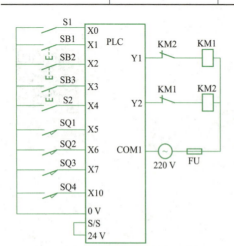

图 9-2   PLC 实现工作台自动往返循环控制 I/O 硬件接线图

步骤四   画出 I/O 硬件接线图。

根据表 9-1,得到如图 9-2 所示 PLC 实现工作台自动往返循环控制 I/O 硬件接线图,为了确保设备安全,在 PLC 外部接线采用接触器 KM1 和 KM2 的动合触点实现硬件互锁。

步骤五   设计任务程序。

PLC 实现工作台自动往返循环控制梯形图如图 9-3 所示。

步骤六   下载程序。

启动 GX Works2 编程软件,将程序正确输入并下载到 PLC。

步骤七   运行程序,整体调试。

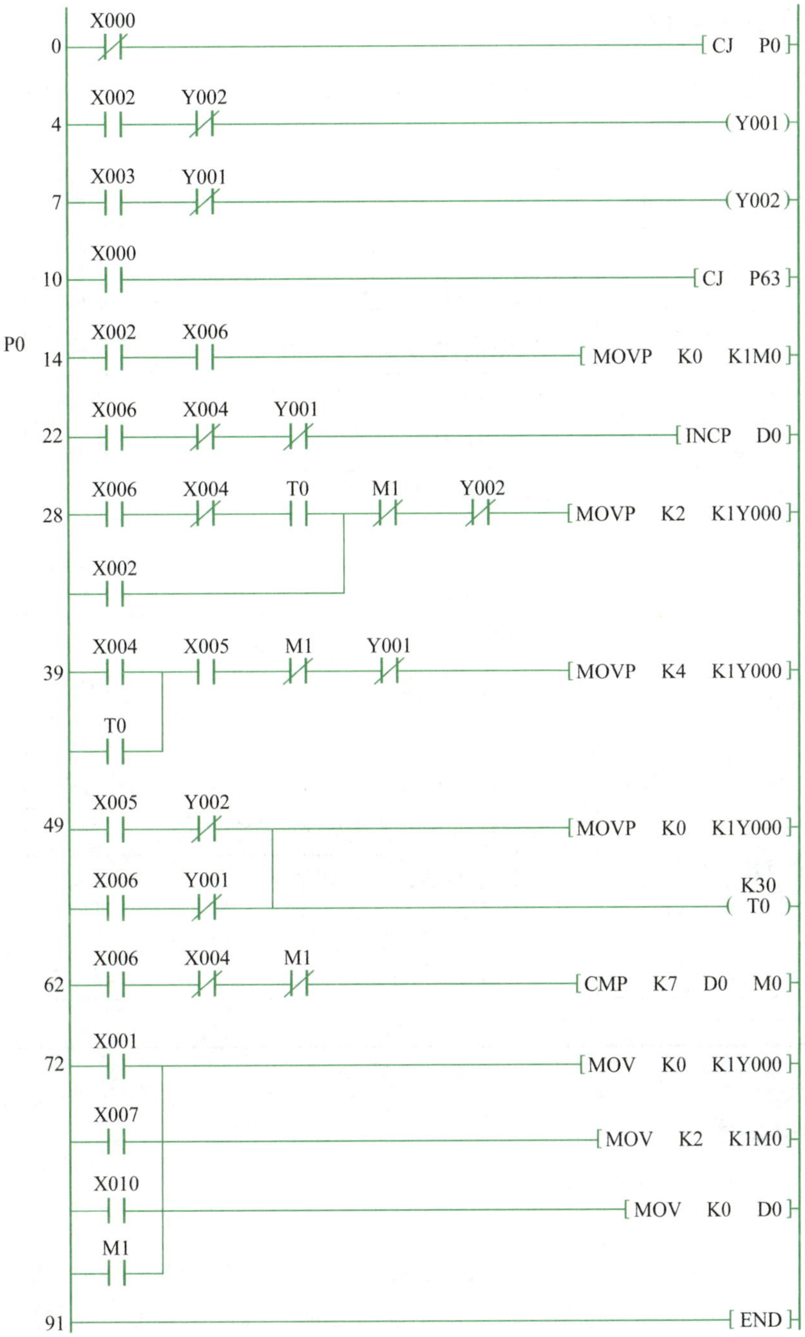

图9-3 PLC实现工作台自动往返循环控制梯形图

将PLC的运行方式置于"RUN"状态。小组成员打开点动/自动选择开关S1,分别在点动、自动控制状态下按下相应按钮观察工作台的运行情况,并记录运行结果。

步骤八 整理技术文件。

 **任务检查与评价**

根据学生在任务实施过程中的表现,客观予以评价,评价标准见表9-2。

表 9-2 评价标准

一级指标	比例	二级指标	比例	得分
电路设计及接线	20%	1. I/O 点分配	5%	
		2. 设计硬件接线图	5%	
		3. 元件的选择	5%	
		4. 接线情况	5%	
程序设计与输入	40%	1. 程序设计	20%	
		2. 指令的使用	5%	
		3. 编程软件的使用	5%	
		4. 程序输入与下载	10%	
系统整体运行调试	30%	1. 正确通电	5%	
		2. 系统模拟调试	10%	
		3. 故障排除	15%	
职业素养与职业规范	10%	1. 设备操作规范性	2%	
		2. 材料利用率,接线及材料损耗	2%	
		3. 工具、仪器、仪表使用情况	2%	
		4. 现场安全、文明情况	2%	
		5. 团队分工协作情况	2%	
总 计		100%		

 **知识链接**

一、功能指令

对于一般的传统工业控制电路,利用前面学过的基本指令和步进指令来编程就可以满足要求了,基本指令和步进指令主要用于逻辑处理。PLC作为工业控制用的计算机,仅仅进行逻辑处理是不够的,现代工业控制在许多场合需要进行数据处理,用来对数据进行传送、运算、变换及程序控制等,这使PLC成为真正意义上的计算机。在本任务中使用了功能指令,也称应用指令。许多功能指令有很强大的功能,往往一条指令就可以实现几十条基本指令才可以实现的功能,还有很多功能指令具有基本指令难以实现的功能,实际上,功能指令是许多功能不同的子程序。随着应用领域的扩展,制造技术的提高,功能指令的数量还将不断增加,功能也将不断增强。

二、FX3U 系列 PLC 数据类软元件

前面的项目中所用的输入继电器 X、输出继电器 Y、辅助继电器 M 等编程元件主要用于 PLC 开关量信息的处理,每个元件只有 1 位,故称"位软元件"。

因为功能指令的引入,需要对 PLC 中大量数据和工作参数进行处理或表示,则要用数据类软元件,这些元件大多是以字节或字为存储单位,称为"字软元件"。

1. 数据寄存器 D

数据寄存器就是用来保存数据的软元件。FX3U 系列 PLC 数据寄存器的分配区间为 D0~D8511,共 8512 点。

FX 系列 PLC 数据寄存器是 16 位(最高位是符号位)的,如将两个相邻数据寄存器组合,可存储 32 位(最高位为符号位)的数值数据。16/32 位数据表现形式如图 9 - 4 所示。

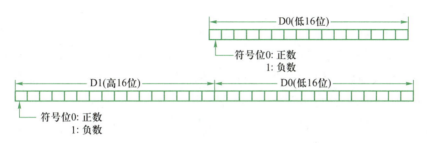

图 9 - 4 16/32 位数据表现形式

和其他软元件相同,数据寄存器也有通用、断电保持用和特殊用等类型。

(1)通用数据寄存器

将数据写入通用数据寄存器后,只要不再写入其他数据,其内容就不会变化,其分配区间为 D0~D199。但是,在 PLC 从运行到停止或停电时,所有数据将被清零(特殊辅助继电器 M8033 置 1 时,则可以保持)。

(2)断电保持数据寄存器

无论 PLC 是从运行到停止,还是停电时,断电保持数据寄存器将保持原有数据而不丢失,其分配区间为 D200~D7999。其中,D200~D511 的断电保持数据寄存器可以通过参数的设定,更改为非断电保持数据寄存器。

D512~D7999 为断电保持专用数据寄存器,参数设置无法改变其保持性质。

(3)特殊数据寄存器

特殊数据寄存器是预先写入特定内容的数据寄存器,其分配区间为 D8000~D8511。该数据寄存器的内容在每次上电时被设置为初始值,利用系统只读存储器写入。例如,在 D8000 中,存有监视定时器的时间设定值,它的初始值由系统只读存储器在通电时写入,要改变时可利用传送指令将目的时间送入 D8000 中,该值在 PLC 从运行到停止时保持不变。

请注意,没有定义的特殊数据寄存器不要使用。FX2N 系列 PLC 的特殊数据寄存器编号为 D8000～D8255。

2. 文件寄存器 D、R 与扩展文件寄存器 ER

文件寄存器是对相同地址数据寄存器设定初始值的软元件,通过参数设定可以将 D1000 以后的 7000 点设置为文件寄存器,可以指定 1～14 个块(每个块相当于 500 点文件寄存器),但是每指定一个块将减少 500 步程序内存区域。

文件寄存器 R 和扩展文件寄存器 ER 是 FX3U 系列 PLC 特有的。文件寄存器 R 是文件寄存器 D 的扩展软元件,通过电池进行停电保持。使用存储盒时,文件寄存器 R 的内容可以扩展保存在扩展文件寄存器 ER 中,而不必用电池保护。文件寄存器 R 可以作为数据寄存器来使用,处理各种数值数据,可以用通用指令进行操作,但如果作为文件寄存器,则必须用专用指令进行操作。

FX3U 系列 PLC 文件寄存器分配区间为 R0～R32767,扩展文件寄存器分配区间为 ER0～ER32767。

3. 变址寄存器 V、Z

FX3U 系列 PLC 有 16 个变址寄存器。变址寄存器由 V 和 Z 组成,即 V0～V7,Z0～Z7,它们可以像其他数据寄存器一样进行数据的读写。需要 32 位操作时,将 V0～V7 和 Z0～Z7 对号结合使用,注意 Z 为低 16 位,如图 9-5 所示。

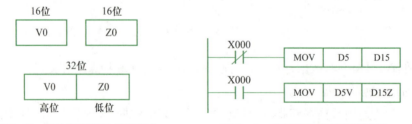

图 9-5 变址寄存器 V、Z 的组合   图 9-6 变址寄存器的使用说明

变址寄存器通常用来修改软元件的元件号,存放在它里面的数据为一个增量。图 9-6 是关于它的使用说明,当 X0=**0**,执行第 1 行,(D5)→(D15),第 2 行不能执行,变址寄存器 V、Z 不起作用。当 X0=**1**,则执行第 2 行,此时传送数据的源地址和目标地址随 V、Z 的值变化而变化。例如,V=1,Z=2,则 D5V=D(5+V)=D6,D15Z=D(15+Z)=D17,程序执行结果为(D6)→(D17);V=6,Z=10,则 D5V=D11,D15Z=D25,程序执行结果为(D11)→(D25)。这就是变址寄存器的作用。

可以用变址寄存器进行变址的软元件是 X、Y、M、S、T、C、D、K、H、KnX、KnY、KnM、KnS(Kn□ 为位组合元件,见后述说明)。但是,变址寄存器不能修改 V 与 Z 本身或位数指定用的 Kn 参数。

4. 指针 P、I

指针用作跳转、中断等程序的入口地址,与跳转、子程序、中断程序等指令一起应用。

地址号采用十进制数分配。按用途可分为分支用指针 P 和中断用指针 I 两类。

（1）P 指针

P 指针是分支用指针，FX3U 系列 PLC 分支用指针分配区间为 P0～P62、P64～P4095，P63 表示跳转到 END 指令，在程序中不可标注位置。在同一个程序中，指针编号不能重复使用。

（2）I 指针

I 指针是中断指针，FX3U 系列和 FX2N 系列 PLC 的中断指针根据用途又分为三种类型：输入中断、定时中断、计数中断。

注意：在梯形图中，指针放在左侧母线的左边。

5. 位组合元件 Kn□

位组合元件也称位字，即位组合成字，是 FX3U 系列和 FX2N 系列 PLC 通用的字元件。它是把 4 位位元件（如 X、Y、M、S）作为一个基本单元组合，表现形式为 KnX、KnY、KnM、KnS 等，其中，Kn 指有 n 组这样的数据。例如，KnX0 表示位组合元件是从 X0 开始的 n 组位元件的组合。若 n 为 1，则 K1X0 指 X0、X1、X2、X3 四位输入继电器的组合；若 n 为 2，则 K2X0 是指 X0～X7 八位输入继电器的二组组合。除此之外，位组合元件还可以变址使用，如 KnXZ、KnYZ、KnMZ、KnSZ 等，这给编程带来很大的灵活性。

6. 字元件的位指定 D□.b

FX3U 系列 PLC 特有的功能，指定字软元件中的位，可以作为位元件使用，其表现形式为 D□.b，其中，□为字元件的编号，b 为字元件的指定位数，如 D1.0 指数据寄存器 D1 的 0 位。通常字元件的位指定 D□.b 使用方法与普通字元件相同，但使用过程中不能进行变址操作。

视频

功能指令的表达式

三、功能指令的表达形式

在 PLC 的梯形图中，功能指令直接用功能框的形式表达本指令要做什么，指令一般由助记符（操作码）和操作数组成。大多数功能指令有 1～4 个操作数，也有功能指令没有操作数。如图 9-7 所示，S 表示源操作数，D 表示目标操作数。源操作数和目标操作数不止 1 个时，可用 S1、S2、D1、D2 表示。

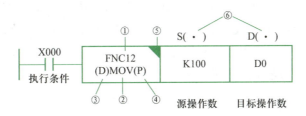

图 9-7 功能指令的格式及使用要素

（1）功能指令编号。功能指令按功能号 FNC00～FNC□□□编排，每条功能指令都有一定的编号。图9-7中"①"所示的就是功能指令编号,即此指令的编号是"12"。在使用简易编程器的场合,输入功能指令时,首先输入的就是编号。

(2)助记符。功能指令的助记符是该指令的英文缩写词。助记符如图9-7中"②"所示。"MOV"是MOVE的简写,表示传送。采用这种方式容易了解指令的功能。功能指令编号和助记符用不同的方式代表同一条指令,在编程时只需输入其中一项即可。

(3)数据长度。功能指令依处理数据的长度分为16位指令和32位指令。其中,32位指令用(D)表示,无(D)符号的为16位指令。图9-7中"③"所示为数据长度符号。

(4)执行形式。功能指令有脉冲执行型和连续执行型。指令中标有(P)的为脉冲执行型,如图9-7中"④"所示。脉冲执行型指令在执行条件满足时仅执行一个扫描周期。这点对数据处理有很重要的意义。例如,一条加法指令,在脉冲执行时,只将加数和被加数做一次加法运算;而连续执行时加法运算指令在执行条件满足时,每一个扫描周期都要相加一次。某些指令如INC,DEC等,在用连续执行方式时应特别注意。在指令标示栏中用"◣"警示,如图9-7中的"⑤"所示。

(5)操作数。操作数是功能指令涉及或产生的数据。操作数分为源操作数、目标操作数及其他操作数。源操作数是指令执行后不改变其内容的操作数,用S(·)表示,即图9-7中的"K100"。目标操作数是指令执行后将改变其内容的操作数,用D(·)表示,即图9-7中的"D0"。

请注意,不同指令对参与操作的元件类型有一定限制,因此操作数的取值就有一定的范围。正确地选取操作数类型,对正确使用指令有很重要的意义。

(6)变址功能。操作数可具有变址功能。操作数旁加有"·"的即为具有变址功能的操作数。如图9-7中"⑥"所示的"S(·)"和"D(·)"。

(7)程序步数。程序步数为执行该指令所需的步数。功能指令的功能号和指令助记符占1个程序步,每个操作数占2个或4个程序步(16位操作数是2个程序步,32位操作数是4个程序步)。因此,一般16位指令为7个程序步,32位指令为13个程序步;并且,当某一功能指令16位操作数的程序步为N步时,通常,其对应32位操作数的程序步为2N-1步。

FX3U系列PLC功能指令较多,而且在使用中会涉及很多细节问题,如指令每个操作数可以指定的软元件类型、是否可以使用32位和脉冲执行方式、适用的PLC型号、对标志位的影响、是否有变址功能等。初学者没有必要花大量时间去死记硬背这些指令的细节,在使用时,可以通过编程手册或编程软件指令的帮助信息,了解它们的详细使用方法。下面学习一些较为常用的功能指令。

四、程序流程指令

程序流程指令是用来控制程序执行流程的相关指令,主要包括跳转指令、子程序指令、中断指令和程序循环指令。通过这些指令的使用,使程序在执行过程中,不再按照从上到下的顺序依次进行,而是依据程序设计者的要求,按特定的方式进行,程序流程指令见附录中的FUN00~FUN09。本任务中仅介绍其中的条件跳转、子程序调用与返回和主程序结束等常用指令。

1. 条件跳转指令 CJ

CJ 指令助记符、功能、操作数、程序步见表 9-3。

表 9-3　CJ 指令助记符、功能、操作数、程序步

助记符	功　能	操作数	程序步
		D(·)	
CJ FNC00 条件跳转	转移到指针所指的位置	P	CJ、CJP：3 步 跳转指针 P：1 步

CJ、CJ(P)指令用于跳过顺序程序某一部分的场合,以减少扫描时间。条件跳转指令CJ 使用说明如图 9-8 所示。当 X20 为 ON 时,程序跳到指针 P10 处;当 X20 为 OFF 时,跳转不执行,程序按原顺序执行。

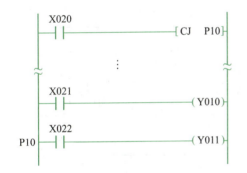

图 9-8　CJ 指令使用说明

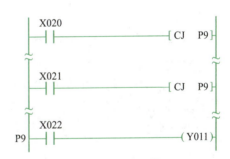

图 9-9　两条跳转指令使用相同指针

在程序中两条跳转指令可以使用相同的指针,如图 9-9 所示。

如果 X20 为 ON,第一条跳转指令生效,从这一步跳到指针 P9 处。如果 X20 为 OFF,而 X21 为 ON 时,则第二条跳转指令生效,程序从这里开始跳到指针 P9 处。但同一程序中指针标号唯一,若出现多于一次则会出错。指针 P63 表示程序转移到 END 指令执行。

执行跳转指令 CJ 后,对不被执行的指令,即使输入元件状态发生改变,输出元件的状态也维持不变。CJ 指令可转移到主程序的任何地方,该指令可以向前跳转,也可向后跳转。若执行条件使用 M8000,则为无条件跳转。

几点说明

使用跳转指令应注意的几个问题如下。

(1) P63 是 END 所在的步序,在程序中不需要设置 P63。

（2）多条跳转指令可以使用相同的指针，但一个指针标号只能出现一次，如出现两次或两次以上，则会出错。

（3）指针一般设在相应跳转指令之后，也可以出现在跳转指令之前，但是如果反复跳转的时间超过监控定时器的设定时间，会引起监控定时器出错。

（4）在一个程序中，因使用跳转而不可能同时执行的程序段中的同一线圈不视作双线圈。

（5）处于被跳过程序段中的Y、M、S由于该段程序没执行，故即使驱动它们的电路状态改变了，其工作状态仍保持跳转前的状态不变。同理，T、C如果被跳过，则跳转期间它们的当前值被冻结。

（6）高速计数器的工作独立于主程序，其状态不受跳转的影响。

（7）编写有跳转指令的程序时，标号单独占一行。

2. 子程序调用指令 CALL 与子程序返回指令 SRET

CALL、SRET 指令助记符、功能、操作数、程序步见表 9-4。

表 9-4　CALL、SRET 指令助记符、功能、操作数、程序步

助记符	功　能	操作数 D(·)	程序步
CALL　FNC01 子程序调用	调用执行子程序	P	CALL：3 步 P：1 步
SRET　FNC02 子程序返回	从子程序返回运行	无	SRET：1 步

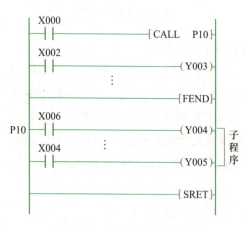

图 9-10　CALL 指令使用说明

子程序是为某些特定的控制目的而编制的相对独立的程序。子程序应写在主程序之后，即子程序的标号应写在指令 FEND 之后，且子程序必须以 SRET 指令结束。如图 9-10 所示，当 X0 为 ON 时，CALL P10 指令使程序执行 P10 子程序，在子程序中执行到 SRET 指令后程序返回到 CALL 指令的下一条指令处执行；若 X0 为 OFF，则程序顺序执行。

子程序的这种执行方式，对有多个控制功能需依一定条件有选择地实现的情况，有很重要的意义。编程时，将这些相对独立的功能设置成子程序，再在主程序中安排一些入口条件调用这些子程序就可以了。这样一来，程序的结构就相当简洁明了。

几点说明

使用子程序指令应注意的几个问题如下。

（1）子程序应放在 FEND 指令之后，即主程序在前，子程序在后。同一指针标号只能出现一次，CJ 指令中用过的指针标号不能再用。不同位置的 CALL 指令可以调用程序同一指针的子程序。

（2）当有多个子程序排列在一起时，标号和最近的一个子程序返回指令构成一个子程序。

（3）子程序最多可以有 5 级嵌套（即在子程序中调用子程序）。

（4）因为子程序是间歇使用的，因此在子程序中使用的定时器应在 T246～T255（积算定时器）中选择。

3. 主程序结束指令 FEND

FEND 指令助记符、功能、操作数、程序步见表 9 - 5。

表 9 - 5　FEND 指令助记符、功能、操作数、程序步

助记符	功　能	操作数	程序步
		D	
FEND FNC06 主程序结束	指示主程序结束	无	1 步

FEND 指令表示主程序的结束，与 END 作用相同。程序执行到 FEND 指令时，进行输出处理、输入处理、监视定时器刷新，完成后返回第 0 步程序。

几点说明

（1）FEND 指令不对软元件进行操作，不需要触点驱动。

（2）CALL 指令的指针及子程序、中断指针及中断子程序都应放在 FEND 指令之后。CALL 指令调用的子程序必须以子程序返回指令 SRET 结束。

（3）在 CALL 指令执行后，SRET 指令执行之前，如果执行了 FEND 指令，则程序会出错。

（4）在使用多个 FEND 指令的情况下，应在最后的 FEND 指令与 END 指令之间编写子程序或中断子程序。

五、数据传送比较指令

数据传送比较指令见附录中的 FNC10～FNC19，下面介绍其中几条常用指令。

视频

传送比较
指令

1. 比较指令 CMP

CMP 指令助记符、功能、操作数、程序步见表 9 - 6。

表 9 - 6　**CMP 指令助记符、功能、操作数、程序步**

助记符	功　能	操作数（括号内表示 FX3U 有，FX2N 无）			程序步
		S1（•）	S2（•）	D（•）	
CMP FNC10 比较	比较两个数 的大小	K、H、KnX、KnY、KnM、KnS、 T、C、D、V、Z、(R)、(U□\G□)		Y、M、S、 (D□.b)	CMP：7 步 DCMP：13 步

　　CMP 指令有三个操作数：两个源操作数 S1（•）和 S2（•），一个目标操作数 D（•）。该指令将 S1（•）和 S2（•）进行比较，结果送到 D（•）中，并占用 D（•）、D（•）+1、D（•）+2 三个连续单元。CMP 指令使用说明如图 9 - 11 所示。当 X10 为 ON 时，比较 K100 和 C20 当前值大小，分三种情况分别使 M0、M1、M2 中的一个为 ON，另两个则为 OFF；若 X10 为 OFF，则 CMP 不执行，M0、M1、M2 的状态保持不变。

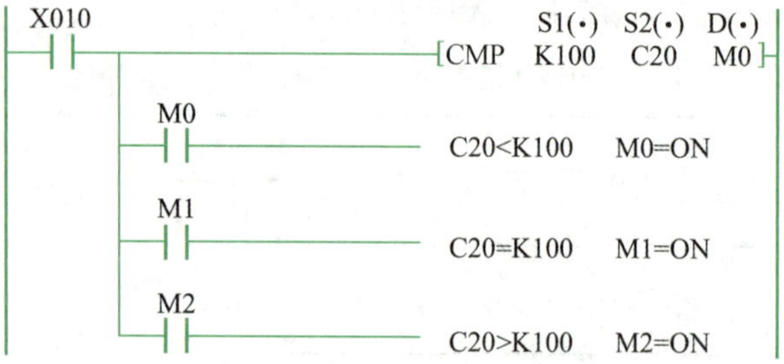

图 9 - 11　CMP 指令使用说明

　　应用实例：图 9 - 12 所示为 PLC 实现简易密码锁控制梯形图，只有所拨数据与密码锁设定值相等后，过 3 s 密码锁才会打开，20 s 后又重新锁上。

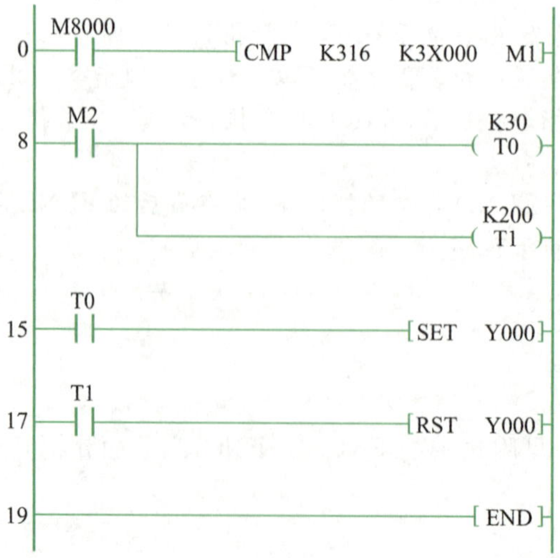

图 9 - 12　PLC 实现简易密码锁控制梯形图

2. 区间比较指令 ZCP

ZCP 指令助记符、功能、操作数、程序步见表 9 - 7。

表 9 - 7　ZCP 指令助记符、功能、操作数、程序步

助记符	功　能	操作数(括号内表示 FX3U 有,FX2N 无)			程序步
		S1(•) S2(•)	S(•)	D(•)	
ZCP FNC11 区间比较	把一个数与 两个数比较	K、H、KnX、KnY、KnM、KnS、 T、C、D、V、Z、(R)、(U□\G□)		Y、M、S、 (D□.b)	ZCP: 9 步 DZCP: 17 步

ZCP 指令是将一个操作数 S(•)与两个操作数 S1(•)和 S2(•)形成的区间进行比较,且 S1(•)不得大于 S2(•),结果送到 D(•)中,并占用 D(•)、D(•)+1、D(•)+2 三个连续单元。ZCP 指令使用说明如图 9 - 13 所示。当 X0 为 ON 时,把源操作数 S(•)与区间 S1(•)~S2(•)相比较,分三种情况分别使 M3、M4、M5 中的一个为 ON,另两个则为 OFF;若 X0 为 OFF,则 ZCP 不执行,M3、M4、M5 的状态保持不变。

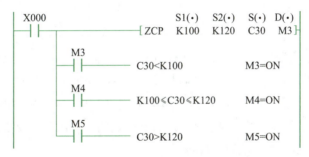

图 9 - 13　ZCP 指令使用说明

3. 传送指令 MOV

MOV 指令助记符、功能、操作数、程序步见表 9 - 8。

表 9 - 8　MOV 指令助记符、功能、操作数、程序步

助记符	功　能	操作数(括号内表示 FX3U 有,FX2N 无)		程序步
		S(•)	D(•)	
MOV FNC12 传送	把一个存储单 元的内容送到另 一个存储单元	K、H、KnX、KnY、 KnM、KnS、T、C、D、V、 Z、(R)、(U□\G□)	KnX、KnY、KnM、 KnS、T、C、D、V、Z、 (R)、(U□\G□)	MOV: 5 步 DMOVP: 9 步

MOV 指令将源操作数的数据传送到目标元件中,即 S(•)送到 D(•),MOV 指令的使用说明如图 9 - 14 所示。当 X0 为 ON 时,源操作数 S(•)中的数据 K100 传送到目标元件 D10 中;当 X0 为 OFF 时,指令不执行,数据保持不变。

应用实例:定时器、计数器参数的间接设定,可以采用传送指令,如图 9 - 15 所示。

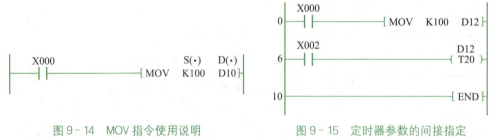

图9-14 MOV指令使用说明　　　　图9-15 定时器参数的间接指定

4.块传送指令

BMOV指令助记符、功能、操作数、程序步见表9-9。

表9-9 BMOV指令助记符、功能、操作数、程序步

助记符	功能	操作数（括号内表示FX3U有，FX2N无）			程序步
		S(·)	D(·)	n	
BMOV FNC15 块传送	把指定数据块的内容传送到目标元件	KnX、KnY、KnM、KnS、T、C、D、(R)、(U□\G□)	KnY、KnM、KnS、T、C、D、(R)、(U□\G□)	K、H、D· $n \leqslant 512$	BMOV：7步 BMOVP：7步

BMOV指令是将源操作数指定的元件开始的 n 个数组成的数据块传送到指定的目标。如果元件号超出允许的元件号范围，数据仅传送到允许的范围内。BMOV指令的使用说明如图9-16所示。如果源、目标操作数的类型相同，传送顺序既可从高元件号开始，也可从低元件号开始。传送顺序是程序自动确定的。若用到需要指定位数的位元件，则源操作数和目标操作数指定的位数必须相同。

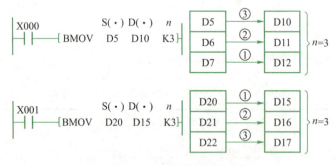

图9-16 BMOV指令使用说明

注意：块传送指令还可以实现数据的双向传送，这个与M8024状态有关。当M8024为OFF时，S(·)→D(·)；当M8024为ON时，D(·)→S(·).

请读者特别注意，所有三菱FX系列PLC功能指令，语句中给出的操作数总地址是代表编号最低的元件，当一条指令隐含了多个操作数时，第2个（或以后）操作数的元件编号从最低开始，按顺序依次递增。在块传送指令中，当源与目标地址号码重叠时，PLC按"先传送后改写"的原则，自动确定传送顺序，保证了一个源操作数对应一个目标操作数的传送。

六、算术和逻辑运算指令

算术和逻辑运算指令包括算术运算指令和逻辑运算指令,共有 10 条,见附录中的 FNC20～FNC29。

1. 加法指令 ADD 与减法指令 SUB

ADD、SUB 指令助记符、功能、操作数、程序步见表 9-10。

表 9-10　ADD、SUB 指令助记符、功能、操作数、程序步

助记符	功能	操作数(括号内表示 FX3U 有,FX2N 无)			程序步
		S1(·)	S2(·)	D(·)	
ADD FNC20 加法	把两数相加,结果存放到目标元件	K、H、KnX、KnY、KnM、KnS、T、C、D、V、Z、(R)、(U□\G□)		KnY、KnM、KnS、T、C、D、V、Z、(R)、(U□\G□)	ADD、SUB:7 步 DADD、DSUB:13 步
SUB FNC21 减法	把两数相减,结果存放到目标元件				

ADD 指令是将指定的源元件中的二进制数相加,结果送到指定的目标元件中去,SUB 指令是将指定的源元件中的二进制数相减,结果送到指定的目标元件中去。ADD 指令使用说明如图 9-17 所示。处理不同长度数据时,ADD、SUB 与 DADD、DSUB 使用区别如图 9-18 所示。

```
        X000          S1(·) S2(·) D(·)
        ─┤├─────────[ADD   D10  D12  D14]
```

图 9-17　ADD 指令使用说明

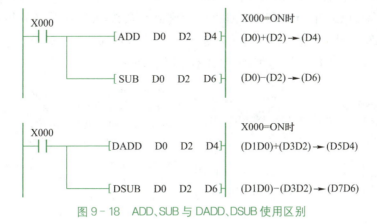

图 9-18　ADD、SUB 与 DADD、DSUB 使用区别

从图 9-18 可见,在 32 位运算时,将指令中出现的元件(1 个字)放在低位,它的下一个元件(1 个字)放在高位。

另外,这两条指令使用 3 个特殊辅助继电器 M8020、M8021、M8022 作为标志位。其用法是:当加法(减法)的运算结果为 0,则零标志 M8020 置 1;当运算结果大于 32 767(16位)或 2 147 483 647(32 位),则进位标志 M8021 置 1;当运算结果小于−32 767(16 位)或−2 147 483 647(32 位),则借位标志 M8022 置 1。

2. 乘法指令 MUL 与除法指令 DIV

MUL、DIV 指令助记符、功能、操作数、程序步见表 9 - 11。

表 9 - 11 MUL、DIV 指令助记符、功能、操作数、程序步

助记符	功 能	操作数(括号内表示 FX3U 有, FX2N 无)			程序步
		S1(·)	S2(·)	D(·)	
MUL FNC22 乘法	把两数相乘, 结果存放到目标元件	K、H、KnX、KnY、KnM、KnS、T、C、D、V、Z、(R)、(U□\G□)		KnY、KnM、KnS、T、C、D、V、Z、(R)、(U□\G□)	MUL、DIV: 7 步 DMUL、DDIV: 13 步
DIV FNC23 除法	把两数相除, 结果存放到目标元件				

MUL 指令是将两个源元件中数据的乘积送到指定目标元件。如果为 16 位数乘法, 则乘积为 32 位; 如果为 32 位数乘法, 则乘积为 64 位, 如图 9 - 19 所示。数据的最高位是符号位。

X000 ─┤├─ S1(·) S2(·) D(·) 〔 MUL D0 D2 D4 〕

BIN BIN BIN
(D0) × (D2) → (D5, D4)
16 bit 16 bit 32 bit

X001 ─┤├─ S1(·) S2(·) D(·) 〔 DMUL D0 D2 D4 〕

BIN BIN BIN
(D1, D0) × (D3, D2) → (D7, D6, D5, D4)
32 bit 32 bit 64 bit

图 9 - 19 MUL 指令使用说明

如果目标元件用位元件指定, 则只能得到指定范围内的乘积。

DIV 指令可以进行 16 位和 32 位除法, 得到商和余数, 并将结果送到指定目标元件中, 如图 9 - 20 所示。若指定位元件为目标元件, 则不能得到余数。对于 16 位乘、除法, V 不能用于 D(·)。对于 32 位运算, V 和 Z 不能用于 D(·)。

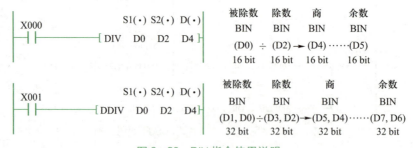

X000 ─┤├─ S1(·) S2(·) D(·) 〔 DIV D0 D2 D4 〕

被除数 除数 商 余数
BIN BIN BIN BIN
(D0) ÷ (D2) → (D4) ⋯⋯(D5)
16 bit 16 bit 16 bit 16 bit

X001 ─┤├─ S1(·) S2(·) D(·) 〔 DDIV D0 D2 D4 〕

被除数 除数 商 余数
BIN BIN BIN BIN
(D1, D0) ÷ (D3, D2) → (D5, D4) ⋯⋯(D7, D6)
32 bit 32 bit 32 bit 32 bit

图 9 - 20 DIV 指令使用说明

几点说明

(1) 参与运算的两个 16 位源操作数内容的乘积, 以 32 位数据的形式存入指定目标, 其中, 低 16 位放在指定的目标, 高 16 位存放在指定目标的下一个元件中, 结果的最高位为符号位。

（2）32 位乘法与 16 位位乘法类似。但必须注意，目标元件为位元件组合时，只能得到低 32 位结果。

（3）DIV 指令的 S2 不能为 0，否则运算会出错。目标元件为位组合元件时，对于 32 位运算，将无法得到余数。

（4）应用实例：如有一组彩灯 15 个，要求当启动/停止开关 SB1（接 X0）接通时，15 盏灯（接 Y0，Y1，…，Y16）依次亮以后，再反向单灯反序每隔 1 ms 单个移位至第一盏灯亮，如此循环。将 SB1 换到停止，所有灯熄灭。图 9-21 所示为使用乘法和除法指令实现彩灯控制的梯形图。

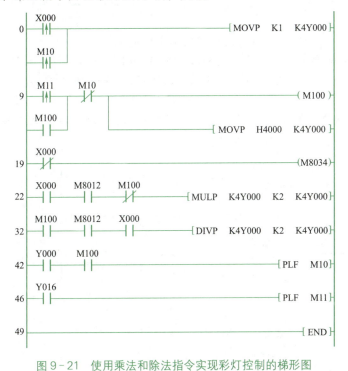

视频

彩灯控制
程序分析

图 9-21　使用乘法和除法指令实现彩灯控制的梯形图

3. 加 1 指令 INC 与减 1 指令 DEC

INC、DEC 指令助记符、功能、操作数、程序步见表 9-12。

表 9-12　INC、DEC 指令助记符、功能、操作数、程序步

助　记　符	功　　能	操作数（括号内表示 FX3U 有，FX2N 无） D(·)	程序步
INC FNC24 加 1	把目标元件当前值加 1	KnY、KnM、KnS、T、C、D、 V、Z、(R)、(U□\G□)	INC、DEC：3 步 DINC、DDEC：5 步
DEC FNC25 减 1	把目标元件当前值减 1		

INC、DEC 指令操作数只有一个，且不影响零标志、借位标志和进位标志。

图 9-22　INC、DEC 指令使用说明

图 9-22 中的 X0 每次由 OFF 变为 ON 时，由 D(·)指定的元件中的数增加 1。如果不用脉冲指令，每一个扫描周期都要加 1。在 16 位运算中，32 767 再加 1 就变成了 -32 768；32 位运算时，2 147 483 647 再加 1 就变成 -2 147 483 648。DEC 指令与 INC 指令处理方法类似。

几点说明

（1）INC、DEC 指令执行一次，D 的内容自动加 1 或减 1。

（2）INC、DEC 通常要求使用脉冲类指令，即 INCP 和 DECP。

（3）应用实例：如有 15 盏彩灯 HL1，HL2，…，HL15，要求初始状态为全灭，合上启动/停止开关后，每 100 ms 变化一次。其中，启动/停止开关接 X0，彩灯 HL1，HL2，…，HL15 分别接 Y0，Y1，…，Y16。图 9-23 所示为使用加 1、减 1 指令实现彩灯控制的梯形图。请读者自行分析程序，注意 K4Y000Z0 所代表的元件。

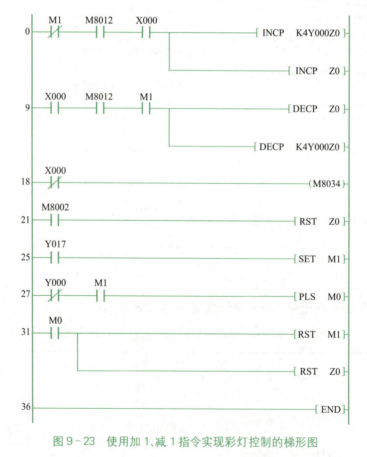

图 9-23　使用加 1、减 1 指令实现彩灯控制的梯形图

七、循环与移位指令

移位类指令将目标操作数中的数向左或右移动,移出的空位用其他数据来填补。循环和移位指令见附录中的 FNC30～FNC39。

1. 右循环移位指令 ROR 与左循环移位指令 ROL

ROR、ROL 指令助记符、功能、操作数、程序步见表 9－13。

表 9－13　ROR、ROL 指令助记符、功能、操作数、程序步

助记符	功　能	操作数(括号内表示 FX3U 有,FX2N 无)		程序步
		D(·)	n	
ROR FNC30 循环右移指令	把目标元件的位循环右移 n 次	KnY、KnM、KnS、T、C、D、V、Z、(R)、(U□\G□)	D、K、H、(R) 16 位操作:n≤16 32 位操作:n≤32	ROR、ROL:5 步 DROR、DROL:9 步
ROL FNC31 循环左移指令	把目标元件的位循环左移 n 次			

ROR、ROL 指令使用说明如图 9－24 和图 9－25 所示,通常要求使用脉冲指令。每次 X10 由 OFF 变为 ON 时,各位数据循环移位 4($n=4$)次,最后一次从目标元件中移出的状态存于进位标志 M8022 中。

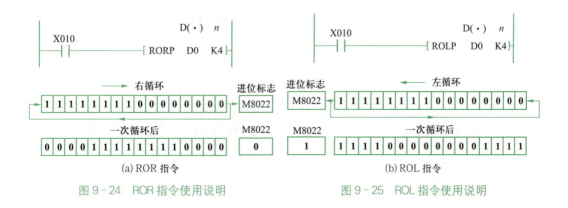

(a) ROR 指令　　　　(b) ROL 指令

图 9-24　ROR 指令使用说明　　　图 9-25　ROL 指令使用说明

若在目标元件中指定位元件的位数时,则只能用 K4(16 位指令)和 K8(32 位指令),如 K4Y0、K8M10 等。

2. 位右移位指令 SFTR 与位左移位指令 SFTL

SFTR、SFTL 指令助记符、功能、操作数、程序步见表 9－14。

SFTR、SFTL 指令使目标位元件中的状态分别向右、左移位,由 $n1$ 指定目标操作数的位元件的长度,$n2$ 指定源操作数的位数,也就是执行一次移位的位数,$n2≤n1≤1\,024$。SFTR 指令和 SFTL 指令使用说明如图 9－26 和图 9－27 所示。

表 9-14 SFTR、SFTL 指令助记符、功能、操作数、程序步

助记符	功能	操作数（括号内表示 FX3U 有，FX2N 无）				程序步
		S1(·)	D(·)	n1	n2	
SFTR FNC34 位右移	指定位长度的位软元件每次右移指定的位长度	X、Y、M、S、D□.b	Y、M、S	K、H n2≤n1≤1024		9 步
SFTL FNC35 位左移	指定位长度的位软元件每次左移指定的位长度					

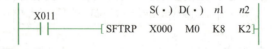

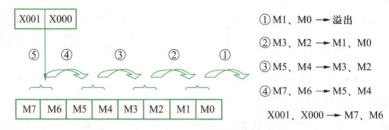

①M1、M0 ⟶ 溢出

②M3、M2 ⟶ M1、M0

③M5、M4 ⟶ M3、M2

④M7、M6 ⟶ M5、M4

X001、X000 ⟶ M7、M6

图 9-26 SFTR 指令使用说明

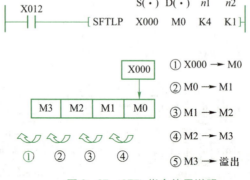

①X000 ⟶ M0

②M0 ⟶ M1

③M1 ⟶ M2

④M2 ⟶ M3

⑤M3 ⟶ 溢出

图 9-27 SFTL 指令使用说明

几点说明

（1）使用移位指令时，通常要求使用脉冲类指令。

（2）应用实例：某灯光招牌有 HL1～HL8 八个彩灯，要求当启动按钮开启时，彩灯先以正序每隔 1 s 轮流点亮，当 HL8 亮后，停 5 s；然后以反序每隔 1 s 轮流点亮，当 HL1 亮后，停 5 s，重复上述过程；当按下停止按钮，停止工作。

在控制设计时，HL1～HL8 八个彩灯分别接 PLC 的 Y0～Y7，启动按钮接 X0，停止按钮接 X1。用循环移位指令实现彩灯控制的梯形图如图 9-28 所示。

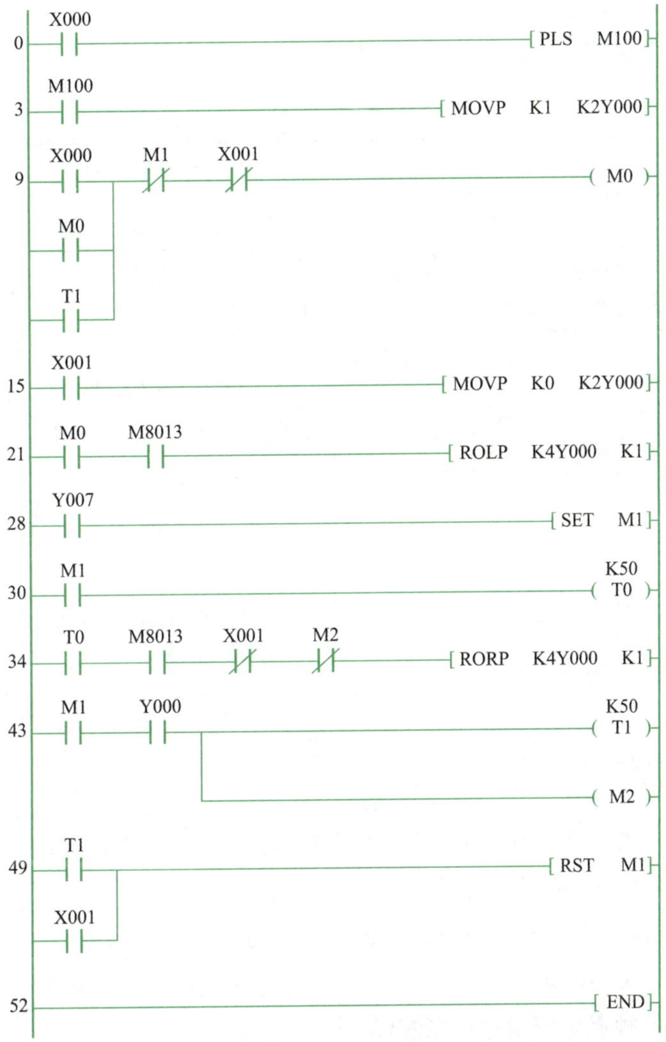

图 9-28　用循环移位指令实现彩灯控制的梯形图

　　彩灯在生活中应用越来越广泛,有装饰灯、广告灯、布景灯等多种多样的彩灯。小型的彩灯多为霓虹灯,其控制设备多用数字电路。大型的楼宇轮廓装饰或舞台的彩灯,由于其功率大,变化多,常用 PLC 控制。彩灯的工作方式有长明灯、流水灯和变幻灯。长明灯没有频繁的动态切换过程,一般不用 PLC 控制,流水灯和变幻灯由于其变化多端,适宜采用 PLC 控制,如果变化频率较高还要配合高速开关控制。

八、区间复位指令

　　区间复位指令 ZRST 属于数据处理指令,数据处理指令见附录中的 FNC40～FNC49

等,主要用来处理复杂的运算或控制,如区间复位、译码、编码、位判别、平均值、开平方运算、警报器置位与复位等。

ZRST指令助记符、功能、操作数、程序步见表9-15。

表 9-15　ZRST 指令助记符、功能、操作数、程序步

助记符	功　能	操作数(括号内表示 FX3U 有,FX2N 无)		程序步
		D1(·)	D2(·)	
ZRST FNC40 区间复位	把指定范围同一类型元件复位	Y、M、S、T、C、D、(R)、(U□\G□) D1≤D2		ZRST、ZRSTP:5 步

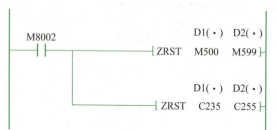

图 9-29　ZRST 指令使用说明

D1(·)和 D2(·)指定的应为同类元件,ZRST 指令使 D1(·)~D2(·)的元件复位,如图 9-29 所示。D1(·)指定的元件号应小于或等于 D2(·)指定的元件号。若 D1(·)指定的元件号大于 D2(·)指定的元件号,则只有 D1(·)指定的元件被复位。D1(·)、D2(·)也可以同时指定 32 位计数器。

九、触点比较指令

触点比较指令相当于一个触点,执行时比较源操作数 S1 和 S2,满足比较条件则触点闭合,源操作数可取所有的数据类型。各种触点比较指令的助记符和含义见附录中的 FNC224~FNC246 等。

以 LD 开始的触点比较指令接在左侧的母线上,如图 9-30 所示。图 9-30 中,C10 的当前值等于 20 时,Y10 被驱动,D200 的值大于-30 且 X0 为 ON 时,Y11 被 SET 指令置位。

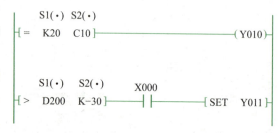

图 9-30　LD 触点比较指令使用说明

以 AND 开始的触点比较指令与别的触点或电路串联,以 OR 开始的触点比较指令与别的触点或电路并联,如图 9-31 所示。图 9-31 中,M27 为 ON 或 C20 的值等于 146 时,M50 的线圈通电。

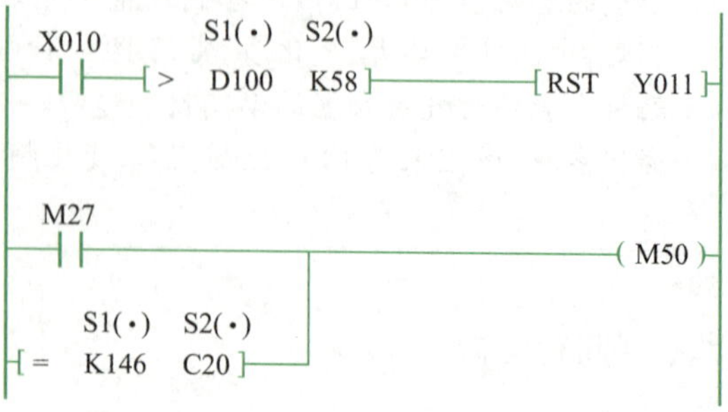

图 9-31　AND、OR 触点比较指令说明

几点说明

（1）LD□是连接到母线触点比较指令，它分为16位和32位触点比较。LD□触点比较指令的最高位为符号位，最高位为1则作为负数处理。

（2）AND□和OR□是串联触点比较指令和并联触点比较指令，都可以分为16位和32位触点比较。

（3）应用实例：自动车库管理系统中常要对车辆的进出进行实时的统计，并根据统计的结果给出相应的指示信息。

有一简单自动车库示意图如图9-32所示，控制要求如下：车库共有100个车位，进出使用各自通道，通道口有电动栏杆机，有车进或有车出时栏杆可以抬起，且能自动放下；车辆进出分别由驶入传感器和驶出传感器判断；当车库有空车位时，尚有车位指示灯亮，表示可以继续停放，如没有空车位时，则车位已满指示灯亮，表示已占满，不再允许车辆驶入。

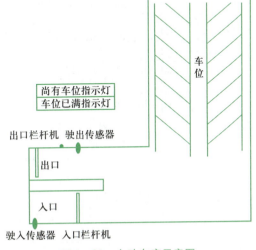

图9-32　自动车库示意图

编程思路：本例的控制关键是将车库中的实际停车数量跟停车场容量进行比较，从而得出可以再停车和不可再停车两种结果。

在设计中，PLC输入端地址分配为：启动按钮接X0，停止按钮接X1，初始化复位按钮接X2，入口驶入传感器接X3，出口驶出传感器接X4。输出端地址分配为：入口栏杆机接触器接Y1，出口栏杆机接触器接Y2，尚有车位指示灯接Y3，车位已满指示灯接Y4。自动车库控制梯形图如9-33所示。

此控制系统是一个较为简单的停车场系统，在实际应用中的智能停车场会配备以下基本设备：入口部分主要由感应式IC卡读写器、IC卡出卡机、对讲分机、摄像机、车辆感应器、车位检测器、入口控制板、全自动路闸、车辆检测线圈和车位显示屏等组成；出口部分主要由内含感应式IC卡读写器、摄像机、对讲分机、出口控制板、全自动路闸、车辆检测线圈和汽车影像对比系统组成；管理中心由收费管理计算机、监视器、硬盘录像机、报表打印机、停车场管理收费机和系统软件组等。

```
     X002
  0 ──┤├─────────────────────────────────────────[MOVP  K0  D200]

     X000   X001
  6 ──┤├────┤/├──────────────────────────────────────────( M0 )
     M0
   ──┤├──

                      M0
 10 ─[< D200  K100]───┤├──────────────────────────────────( M1 )

                      M0
 17 ─[= D200  K100]───┤├──────────────────────────────────( M2 )

     M1
 24 ──┤├───────────────────────────────────────────────( Y003 )

     M2
 26 ──┤├───────────────────────────────────────────────( Y004 )

     M1    X003    M0
 28 ──┤├────┤├─────┤├──────────────────────────[INCP  D200]
                      │
                      └──────────────────────────────────( Y001 )

     X004   M0
 35 ──┤├────┤├────────────────────────────────[DECP  D200]
                   │
                   └──────────────────────────────────────( Y002 )

 41 ────────────────────────────────────────────────────[ END ]
```

图 9-33　自动车库控制梯形图

巩固与拓展

一、巩固自测

1. 三电动机相隔 5 s 启动,各运行 10 s,循环往复,使用传送指令完成控制要求。

2. 用 PLC 控制一个自动闪烁的广告牌,广告牌内容是"电子系欢迎你",闪烁要求见表 9-16。这六个字用六个灯点亮并实现闪烁,间隔时间 1 s,并循环工作。请选用合适的功能指令来实现控制。

表 9-16　题 2 闪烁要求

字	1	2	3	4	5	6	7	8	9	10
电	亮						亮		亮	
子		亮					亮		亮	

续　表

字	1	2	3	4	5	6	7	8	9	10
系			亮				亮		亮	
欢				亮			亮		亮	
迎					亮		亮		亮	
你						亮	亮		亮	

3. 有两个整数 $N1$、$N2$ 分别存放在数据寄存器中 D1、D2 中,比较两数大小,当 $N1 >$ $N2$ 时,红灯亮,否则绿灯亮。

4. 设计一控制系统,对某车间的成品和次品进行计数统计。当产品数达 1 000 件时,若次品大于 50 件,则报警并显示灯亮,同时生产产品的机床主电机停止运行(用 CMP 指令)。

5. 分组讨论,对工作台自动往返循环控制采用基本指令编程和采用功能指令编程有什么不同?

二、拓展任务

PLC实现自动售货机控制。自动售货机工作示意图如图 9 - 34 所示。SB1 为选汽水按钮,SB2 为选咖啡按钮,SB3 为找零按钮;HL1 为汽水指示灯,HL2 为咖啡指示灯,HL3 为找零指示灯。

具体控制要求如下:按下启动按钮 SB,售货机开始工作,售货机能接收 1 元、2 元、5 元三种货币;一杯咖啡的售价是 8 元,一杯汽水的售价是 5 元;如果投入的货币总值大于或等于 5 元,则汽水指示灯亮,如果投入的货币总值大于或等于 8 元,则咖啡和汽水的指示灯都亮;咖啡指示灯亮时,按下选咖啡按钮,则售货机应输出咖啡,汽水指示灯亮时,按下选汽水按钮,则售货机应输出汽水;如果所投入货币的总数在购买咖啡或汽水后还有结余,则找零指示灯亮,按下找零按钮,售货机以 1 元硬币的形式,将余额退还给顾客;整个购买要求在 30 s 内完成。

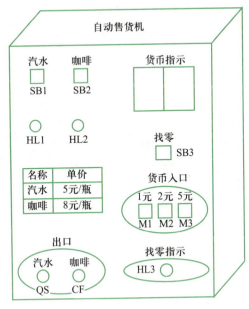

图 9 - 34　自动售货机工作示意图

项目三　PLC 技术应用提高

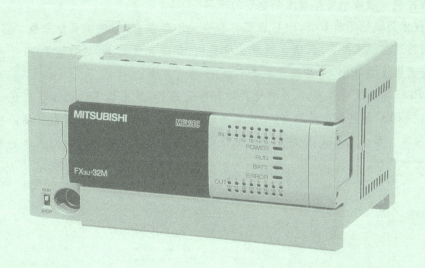

项目目标

本项目内容包括 FX 系列 PLC 产品中模拟量特殊功能模块、通信模块的学习,触摸屏与 PLC 的网络通信,自动生产线控制系统的实现等。

知　识　目　标	技　能　目　标
(1) 掌握 PLC 基本单元与模拟量特殊功能模块的硬件接线及参数设置。 (2) 了解网络通信中软元件的分配及通信程序的编写。 (3) 了解自动生产线的组成与功能,熟悉三菱变频器的工作原理。	(1) 能在 PLC 基本单元上编程实现对模拟量特殊功能模块的操作与控制。 (2) 能熟练使用触摸屏编程软件,能实现 PLC、触摸屏网络通信控制。 (3) 能操作通用变频器,利用 PLC 实现自动生产线分拣单元控制。

项目引导

进入 21 世纪以来,PLC 产品从当初单纯的逻辑控制功能,经历网络化、系统化、集成化的不断演变,在技术融合、信息化与自动化叠加发展的大趋势下,PLC 将会容纳越来越多的先进技术和更全面的功能。今天的 PLC 不再局限于单纯的逻辑控制功能了,在运动控制、过程控制等领域也发挥着十分重要的作用。

信息技术领域的不断革新,PLC 新器件和模块不断推出,编程工具越来越丰富多样;云计算、网络通信技术的应用,催生运算速度更快、存储容量更大、更智能的 PLC 品种出现;从可配套性上看,PLC 产品品种会更丰富、规格更齐全。

随着 PLC 功能不断强大,以及软硬件的标准化趋势,越来越多的企业将依托统一的软件平台,将 PLC 与其他产品组合,形成成套解决方案,以此满足工厂日益提高的集成度和融合度需求。各主流 PLC 厂商产品线日益完善,集成自动化概念以及对未来的智能化应用趋势愈加明确。

Task 10
任务十 | PLC 实现模拟量控制

任务目标

(1) 掌握特殊功能模块及相关指令的应用。

(2) 学会使用模拟量输入模块。

(3) 学会使用模拟量输出模块。

任务描述

● 任务内容

在电气控制中,存在大量的开关量,用 PLC 的基本单元就可以直接控制,但也常常要对一些模拟量(如压力、温度、湿度、光照度、流量等)进行控制。PLC 的基本单元只能对数字量进行处理,而不能处理模拟量,如果要对模拟量进行处理,就需要用特殊功能模块将模拟量转换为数字量。同样,PLC 基本单元只能输出数字量,而大多数电气设备只能接收模拟量(如变频器、比例阀等),所以还要把 PLC 输出的数字量转换为模拟量信号才能对电气设备进行控制,而这些则需要模拟量输出模块来完成。图 10 - 1 所示为 PLC 对模拟量控制流程示意图。利用 FX3U - 4AD 模块读取变送器的 4~20 mA 的模拟量信号并将其转换为数字量传给 PLC,再利用 FX3U - 4DA 模块将 PLC 输出的数字量转换为 0~10 V 的模拟量信号。

● 实施条件

教学做一体化教室,PLC 实训装置(含 FX3U - 48MR PLC 基本单元),FX3U - 4AD

图片

Pt100 温度
传感器、变
送器

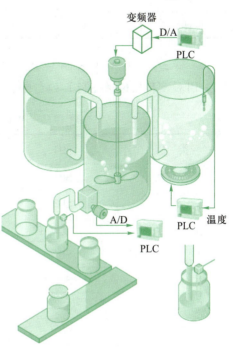

图 10 - 1 PLC 对模拟量控制流程示意图

156

模拟量输入模块,FX3U-4DA 模拟量输出模块,个人计算机(已安装 GX Works2 编程软件),电工常用工具若干,导线若干。

 **任务实施**

步骤一 准备工作。

通电检查实训装置是否正常,检查 PLC 与计算机的连接是否正常,置 PLC 于"STOP"状态。

步骤二 读懂控制要求。

1. FX3U-4AD 的应用,其控制要求如下:模拟量输入模块 FX3U-4AD 通道 ch1、ch2、ch3、ch4 分别连接 4 个 Pt100 温度变送器,采集温度变送器输出的 4～20 mA 模拟量,并分别保存至 D0、D1、D2、D3 四个数据寄存器中,要求 FX3U-4AD 4 个通道的数字量输出范围均为 0～16 000。

2. FX3U-4DA 的应用,其控制要求如下:按启动按钮,模拟量输出模块 FX3U-4DA 通道 ch1 输出 0 V,通道 ch2 输出 20 mA;按下对应 X11～X15 输入的选择按钮,ch1 和 ch2 输出见表 10-1;按下停止按钮,ch1 和 ch2 保持输出 0 V 和 20 mA。

表 10-1 输入和输出对应表

通道	X11	X12	X13	X14	X15
ch1	1 V	2 V	3 V	4 V	5 V
ch2	18 mA	16 mA	14 mA	12 mA	10 mA

步骤三 设计 PLC 控制 I/O 分配表。

PLC 实现模拟量控制 I/O 分配表见表 10-2。

表 10-2 PLC 实现模拟量控制 I/O 分配表

类 别	元件	I/O 点编号	备 注
输 入	SB1	X0	启动按钮
	SB2	X1	停止按钮
	SB3	X3	偏移、增益调整按钮
	SB4	X11	选择按钮
	SB5	X12	选择按钮
	SB6	X13	选择按钮
	SB7	X14	选择按钮
	SB8	X15	选择按钮

步骤四　画出 I/O 硬件接线图。

根据表 10-2,得到如图 10-2 所示 PLC 实现模拟量控制 I/O 硬件接线图。

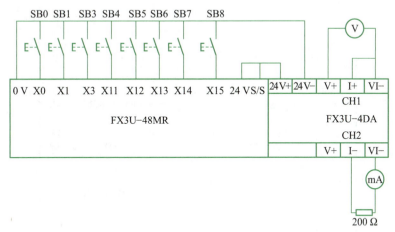

图 10-2　PLC 实现模拟量控制 I/O 硬件接线图

步骤五　设计任务程序。

PLC 实现模拟量控制的梯形图如图 10-3、图 10-4、图 10-5 所示,其中,图 10-3 所示为 FX3U-4AD 模拟量输入梯形图,图 10-4 所示为 FX3U-4DA 偏移、增益调整梯形图,图 10-5 所示为模拟量输出梯形图。

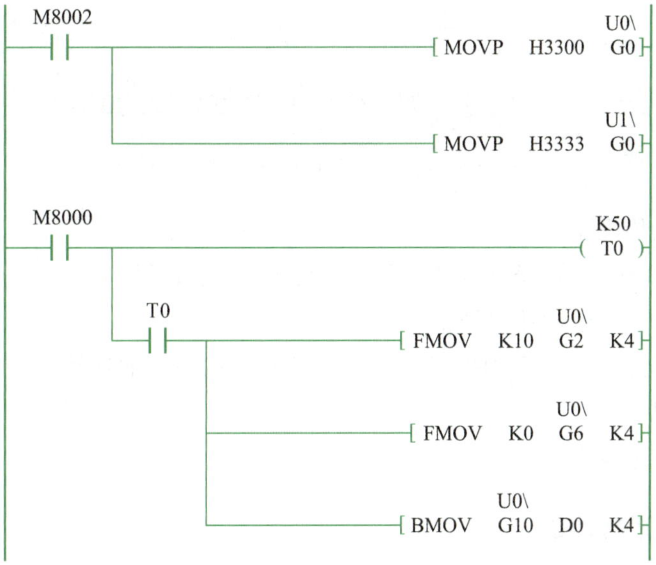

图 10-3　FX3U-4AD 模拟量输入梯形图

```
   X003
───┤├──────────────────────────────────[ SET   M0 ]

    M0                                      K10
───┤├─────────────────────────────────────( T0  )

    M0                                       U0\
───┤├─────────────────────────[ MOV   K3030  G19 ]
     │                                       U0\
     │                         [ MOV   H3    G9  ]
     │                                       U0\
     │                         [ MOV   K0    G10 ]
     │                                       U0\
     │                         [ MOV   K4000 G11 ]
     │                                       U0\
     │                         [ MOV   K5000 G14 ]
     │                                       U0\
     │                         [ MOV   K20000 G15 ]
    T0                                       U0\
───┤├─────────────────────────[ MOV   K0    G19 ]
     │
     │                         [ RST   M0 ]
```

图 10-4　FX3U-4DA 偏移、增益调整梯形图

步骤六　上传程序。

启动 GX Works2 编程软件,将程序正确地输入并下载到 PLC。

步骤七　运行程序,整体调试。

将 PLC 的运行方式置于"RUN"状态。小组成员按不同的选择按钮,监视 ch1 和 ch2 对应的变化情况。

步骤八　整理技术文件。

 **任务检查与评价**

根据学生在任务实施过程中的表现,客观予以评价,评价标准见表 10-3。

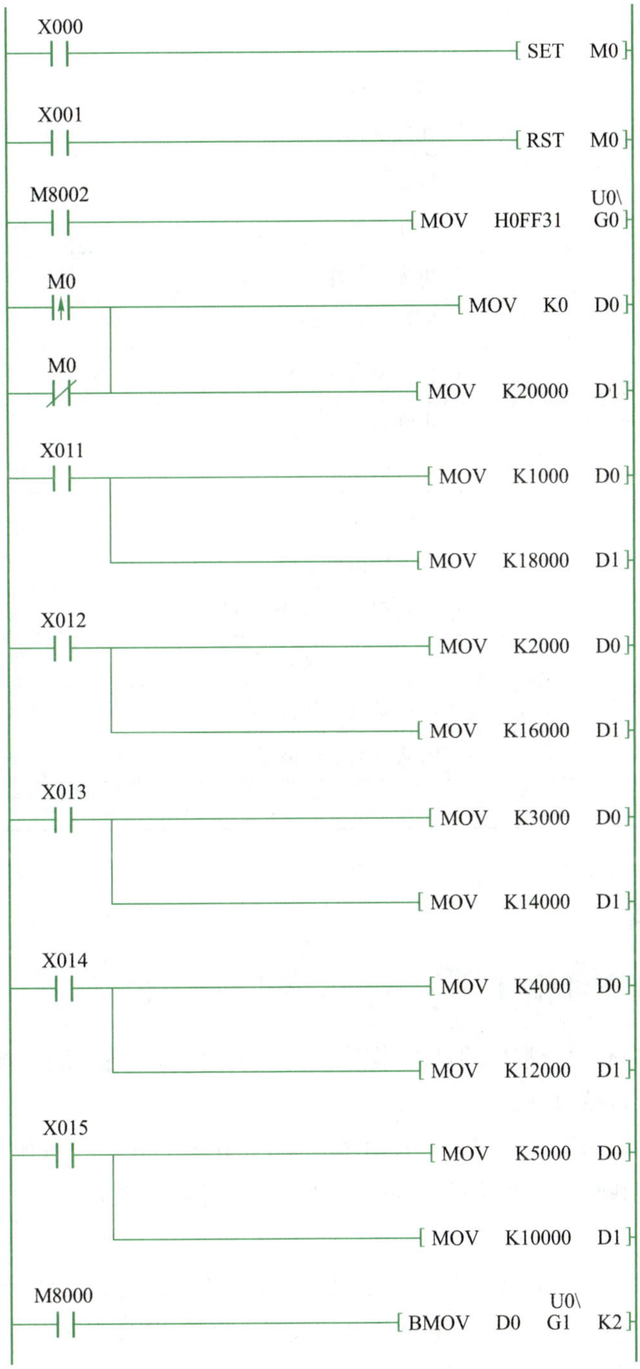

```
     X000
─────┤├──────────────────────────────────────[ SET    M0 ]

     X001
─────┤├──────────────────────────────────────[ RST    M0 ]

    M8002                                              U0\
─────┤├──────────────────────────────[ MOV    H0FF31    G0 ]

     M0
─────┤↑├───┬─────────────────────────[ MOV    K0       D0 ]
     M0    │
─────┤/├───┴─────────────────────────[ MOV    K20000   D1 ]

     X011
─────┤├────┬─────────────────────────[ MOV    K1000    D0 ]
           │
           └─────────────────────────[ MOV    K18000   D1 ]

     X012
─────┤├────┬─────────────────────────[ MOV    K2000    D0 ]
           │
           └─────────────────────────[ MOV    K16000   D1 ]

     X013
─────┤├────┬─────────────────────────[ MOV    K3000    D0 ]
           │
           └─────────────────────────[ MOV    K14000   D1 ]

     X014
─────┤├────┬─────────────────────────[ MOV    K4000    D0 ]
           │
           └─────────────────────────[ MOV    K12000   D1 ]

     X015
─────┤├────┬─────────────────────────[ MOV    K5000    D0 ]
           │
           └─────────────────────────[ MOV    K10000   D1 ]

    M8000                                      U0\
─────┤├──────────────────────────[ BMOV   D0   G1   K2 ]
```

图 10-5　模拟量输出梯形图

表 10-3　评 价 标 准

一级指标	比例	二 级 指 标	比例	得分
电路设计及 接线	20%	1.I/O点分配	5%	
		2.设计硬件接线图	5%	
		3.元件的选择	5%	
		4.接线情况	5%	
程序设计与 输入	40%	1.程序设计	20%	
		2.指令的使用	5%	
		3.编程软件的使用	5%	
		4.程序输入与下载	10%	
系统整体 运行调试	30%	1.正确通电	5%	
		2.系统模拟调试	10%	
		3.故障排除	15%	
职业素养与 职业规范	10%	1.设备操作规范性	2%	
		2.材料利用率,接线及材料损耗	2%	
		3.工具、仪器、仪表使用情况	2%	
		4.现场安全、文明情况	2%	
		5.团队分工协作情况	2%	
总　　　计			100%	

 知识链接

一、FX 系列模拟量控制概述

在控制系统中有两个常见的术语,模拟量和开关量。不论输入还是输出,一个参数要么是开关量,要么是模拟量。

所谓开关量,指的是该物理量只有两种状态,如开关的导通和断开,继电器的闭合和断开,电磁阀的通和断等。开关量分为输入开关量和输出开关量。前面任务所学均为开关量控制。

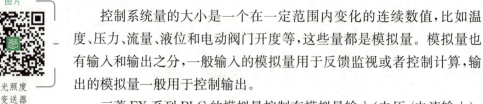

控制系统量的大小是一个在一定范围内变化的连续数值,比如温度、压力、流量、液位和电动阀门开度等,这些量都是模拟量。模拟量也有输入和输出之分,一般输入的模拟量用于反馈监视或者控制计算,输出的模拟量一般用于控制输出。

三菱 FX 系列 PLC 的模拟量控制有模拟量输入(电压/电流输入)、

模拟量输出(电压/电流输出)等。用 FX 系列 PLC 进行模拟量控制时,需要模拟量输入输出产品,有特殊功能扩展板、特殊适配器和特殊功能模块三种。

1.特殊功能扩展板

模拟量特殊功能扩展板使用特殊软元件与 PLC 进行数据交换。FX 系列产品中有 FX1N - 2AD - BD、FX3G - 2AD - BD、FX1N - 1DA - BD、FX3G - 1DA - BD 等特殊扩展板。

2.特殊适配器

模拟量特殊适配器使用特殊软元件与 PLC 进行数据交换。特殊适配器连接在 FX3U 系列 PLC 左侧,连接特殊适配器时,需要特殊扩展板,最多可以连接 4 台模拟量特殊适配器。FX 系列产品中有 FX3U - 4AD - ADP、FX3U - 4DA - ADP、FX3U - 3A - ADP、FX3U - 4AD - PT - ADP、FX3U - 4AD - PTW - ADP、FX3U - 4AD - PNK - ADP、FX3U - 4AD - TC - ADP 等特殊适配器。

3.特殊功能模块

特殊功能模块是为了实现某种特殊功能,如 A/D 转换、D/A 转换、高速输入、脉冲输出定位、通信等。特殊功能模块中都含有缓冲存储器 BFM,用来对特殊功能模块进行设置并存储外部写入获取的数据以及向外部输出的数据。BFM 缓冲存储器类似于 PLC 的 D 数据寄存器。

特殊功能模块连接在 FX3U 系列 PLC 右侧,最多可以连接 8 台特殊功能模块,特殊功能模块使用缓冲存储器 BFM 与 PLC 进行数据交换,如图 10 - 6 所示。

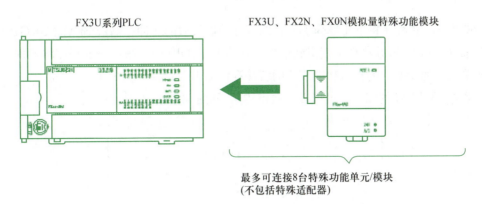

图 10 - 6　FX3U 系列 PLC 与特殊功能模块的连接

FX 系列产品中模拟量特殊功能模块有 FX2N - 2AD、FX2N - 4AD、FX2NC - 4AD、FX3U - 4AD、FX3UC - 4AD、FX2N - 8AD、FX2N - 2DA、FX2N - 4DA、FX2NC - 4DA、FX3U - 4DA、FX0N - 3A、FX2N - 5A 等。

二、缓冲存储器 BFM 的读出、写入方法

要使用特殊功能模块,就必须对相应的缓冲存储器 BFM 进行正确的设置。

首先了解一下特殊功能模块的地址分配,上电时 PLC 基本单元会从其最近的特殊功能模块开始,按照 0~7 的顺序,依次对特殊功能模块自动分配单元号,而输入输出扩展模块没有单元号。

PLC 与特殊功能模块交换数据都是通过特殊功能模块的缓冲寄存器 BFM 来完成的。FX3U 系列 PLC 对 BFM 的读出、写入方法有直接指定和使用指令两种。

1. BFM 的直接指定

对 FX3U 系列 PLC 可以直接指定特殊功能模块的 BFM,BFM 为 16 位或 32 位的字数据。直接指定方法是将设定软元件直接指定为应用指令的源操作数或者目标操作数,其表现形式为 U□\G□,其中,U□表示模块单元号,为 0~7,G□表示 BFM 编号,为 0~32 766。其示例如图 10-7、图 10-8 所示。

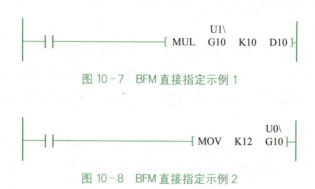

图 10-7　BFM 直接指定示例 1

图 10-8　BFM 直接指定示例 2

图 10-7 中程序将单元号为 1(U1)的特殊功能模块的缓冲存储器 BFM♯10(G10)的内容乘以数据 K10,并将结果读出到数据寄存器 D11、D10 中。图 10-8 程序将数据 K12 写入单元号为 0(U0)的特殊功能模块的缓冲存储器 BFM♯10(G10)中。

此外,在 BFM 的编号中可以进行多点传送,如图 10-9 所示。

图 10-9　BFM 直接指定示例 3

图 10-9 为多点传送程序,程序将数据 K10 分别写入单元号为 0 的特殊功能模块的缓冲存储器 BFM♯10、BFM♯11、BFM♯12 和 BFM♯13 中。

2. BFM 的使用指令

BFM 的使用指令包括读出指令和写入指令两种。

(1) BFM 读出指令 FROM

FROM 指令表示 PLC 基本模块从模拟量模块读取相应数据的指令。FROM 指令功能号为 FNC78。FROM 指令的助记符、功能、操作数和程序步见表 10-4。

表 10-4　FROM 指令的助记符、功能、操作数和程序步

助记符	功能	操作数(括号内表示 FX3U 有,FX2N 无)				程序步
		m1	m2	D(·)	n	
FROM FNC78 读特殊功能模块	从模拟量模块读取相应数据	D、(R)、K、H	D、(R)、K、H	KnY、KnM、KnS、T、C、D、V、Z、(R)	D、(R)、K、H	FROM,FROMP：9 步 DFROM、DFROMP：17 步

FROM 指令使用说明如图 10-10 所示。其中,m1 为特殊功能模块的单元号,设定范围为 K0~K7,m2 为缓冲存储器 BFM 的编号,n 为传送点数,设定范围为 K1~K32767。

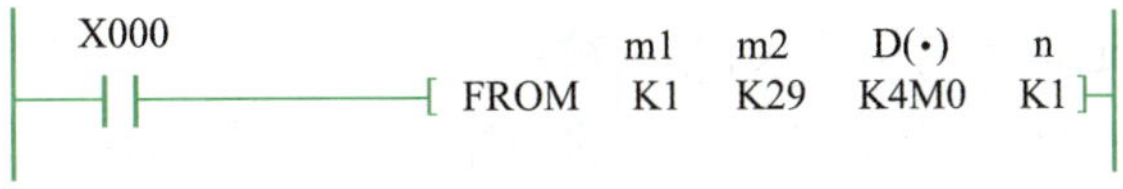

图 10-10　FROM 指令使用说明

这条指令表示当 X0 为 ON 时,从单元号为 1 的特殊功能模块的缓冲存储器 BFM♯29 读取一个点的数据,并存储到 PLC 的 K4M0 存储单元。

(2) BFM 写入指令 TO

TO 指令表示 PLC 基本模块向模拟量模块写入数据或命令的指令。TO 指令功能号为 FNC79。TO 指令的助记符、功能、操作数和程序步见表 10-5。

表 10-5　TO 指令的助记符、功能、操作数和程序步

助记符	功能	操作数(括号内表示 FX3U 有,FX2N 无)				程序步
		m1	m2	S(·)	n	
TO FNC79 写特殊功能模块	向模拟量模块写入数据或命令	D、(R)、K、H	D、(R)、K、H	KnY、KnM、KnS、T、C、D、V、Z、(R)	D、(R)、K、H	TO,TOP：9 步 DTO,DTOP：17 步

TO 指令使用说明如图 10-11 所示。其中,m1 为特殊功能模块的单元号,设定范围为 K0~K7,m2 为缓冲存储器 BFM 的编号,n 为传送点数,设定范围为 K1~K32767。

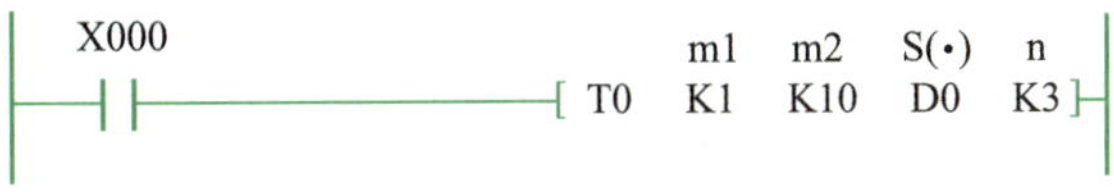

图 10-11　TO 指令使用说明

这条指令表示当 X0 为 ON 时,PLC 将 D0、D1、D2 数据写入单元号为 1 的特殊功能模块的缓冲存储器 BFM♯10、BFM♯11、BFM♯12 中。

三、FX3U‑4AD模拟量输入模块

三菱公司的模拟量特殊功能模块种类很多,本任务选择其中的 FX3U‑4AD 和 FX3U‑4DA 模块。其余的功能模块使用方法和这两个模块类似,但又有所不同。因此,建议读者在掌握了这两种特殊功能模块之后,查阅三菱公司编写的特殊功能模块相关手册。

1. FX3U‑4AD 的特点

FX3U‑4AD 连接在 FX3U 系列 PLC 上,也可连接在 FX3G、FX3UC 系列 PLC 上,是获取 4 通道的电压/电流数据的模拟量特殊功能模块。其特点如下。

(1) 在 PLC 上最多可以连接 8 台(包括其他特殊功能模块的连接台数)。

(2) 可以对各通道指定电压输入、电流输入。

(3) A/D 转换值保存在 FX3U‑4AD 的缓冲存储区(BFM)中。

(4) 通过数字滤波器的设定,可以读取稳定的 A/D 转换值。

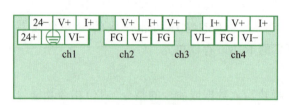

图 10‑12　FX3U‑4AD 的端子排列

(5) 各通道中,最多可以存储 1 700 次 A/D 转换值的历史记录。

2. FX3U‑4AD 的接线

(1) 端子排列

FX3U‑4AD 的端子排列如图 10‑12 所示。

FX3U‑4DA 的端子用途见表 10‑6。

表 10‑6　FX3U‑4AD 的端子用途

端　子	用　　途
24＋	DC24V 电源
24－	
⏚	接地端子
V＋	通道 ch1 模拟量输入
VI－	
I＋	
V＋	通道 ch2 模拟量输入
VI－	
I＋	
FG	

续　表

端　子	用　途
V+	
VI−	通道 ch3 模拟量输入
I+	
FG	
V+	
VI−	通道 ch4 模拟量输入
I+	
FG	

（2）模拟量输入接线

FX3U‑4AD 模拟量输入模块接线如图 10‑13 所示，图中"ch□"中"□"为通道号。模拟量输入的每个通道 ch 可以使用电压输入、电流输入。

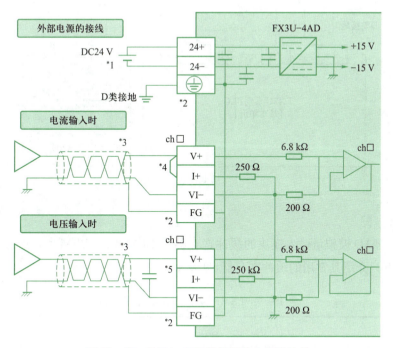

图 10‑13　FX3U‑4AD 模拟量输入模块接线

几点说明

（1）PLC(FX3U/FX3G)为 AC 电源型时，可以使用 DC24V 供给电源。

（2）在内部连接 FG 端子和 ⏚ 端子。没有通道 ch1 用的 FG 端子。使用通道 ch1 时，请直接连接到 ⏚ 端子上。

（3）模拟量的输入线使用 2 芯的屏蔽双绞电缆，请与其他动力线或者易于受感应的线分开布线。

（4）电流输入时，请务必将 V＋端子和 I＋端子短接。

（5）输入电压有电压波动，或者外部接线上有噪声时，请连接 $0.1 \sim 0.47 \mu F /$ 25 V的电容。

（3）连接 PLC 时的电源接线

FX3U‑4AD 模拟量输入模块与 PLC 基本单元连接时，其电源接线如图 10‑14 所示，图中为漏极输入基本单元的接线示例。

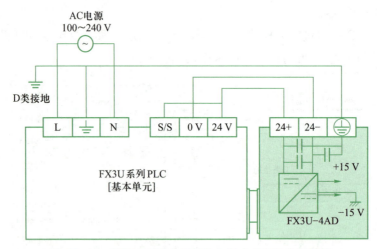

图 10‑14　FX3U‑4AD 与漏极输入基本单元的电源接线

3. BFM 分配

FX3U‑4AD 模拟量输入模块的缓冲寄存器从 BFM♯0～BFM♯8063，其功能设置非常多，以下只介绍其常用的缓冲寄存器，见表 10‑7。

表 10‑7　FX3U‑4AD 常用缓冲寄存器

BFM 编号	内　　容	备　　注
♯0	指定通道 ch1～ch4 的输入模式	可停电保持，出厂时为 H0000
♯1	不使用	
♯2～♯5	通道 ch1～ch4 的平均采样次数，设定范围为 1～4 095	初始值为 K1
♯6～♯9	通道 ch1～ch4 的滤波采样时间，设定范围为 0～1 600	初始值为 K0

BFM 编号	内　　　　容	备　　注
♯10～♯13	通道 ch1～ch4 数据(实时或平均值数据),采样次数设定为 1 或以下,数据为实时数据	
♯19	设定变更或禁止,K2080 允许,其他数值禁止	出厂时为 K2080
♯20	初始化功能,用 K1 初始化。初始化结束后,自动变为 K0	初始值为 K0
♯21	输入特性写入,偏置/增益值写入结束后,自动变为 H0000	初始值为 H0000
♯22	便利功能设置,便利功能:自动发送功能、数据加法运算、上下限值检测、突变检测、峰值保持	出厂时为 H0000
♯29	出错状态	初始值为 H0000
♯30	模块代码 K2080	初始值为 K2080
♯41～♯44	ch1～ch4 输入通道偏移设置(mV 或 μA)	出厂时为 K0
♯51～♯54	ch1～ch4 输入通道增益设置(mV 或 μA)	出厂时为 K5000
♯61～♯64	ch1～ch4 加法运算数据,设置范围为 −16 000～+16 000	初始值为 K0

注:偏置值是指当使用软件调整增益时写入的数字。

几点说明

BFM♯0 输入模式的指定,用于设定通道 ch1～ch4 的输入模式。输入模式的指定采用 4 位数的十六进制码,对各位分配各通道的编号,如图 10-15 所示。通过在各位中设定 0～8、F 的数值(不可以设定 9～E),可以改变输入模式。

图 10-15　各通道输入模式的指定

程序

FX3U-4AD
模块的 BFM
复位梯形图

输入模式的种类,见表 10-8。

表 10-8　输入模式的种类

设定值(HEX)	输　入　模　式	模拟量输入范围	数字量输出范围
0	电压输入模式	−10～10 V	−32 000～32 000
1	电压输入模式	−10～10 V	−4 000～4 000
2	电压输入模式(模拟量值直接显示)	−10～10 V	−10 000～10 000

续 表

设定值(HEX)	输 入 模 式	模拟量输入范围	数字量输出范围
3	电流输入模式	4～20 mA	0～16 000
4	电流输入模式	4～20 mA	0～4 000
5	电流输入模式(模拟量值直接显示)	4～20 mA	4 000～20 000
6	电流输入模式	−20～20 mA	−16 000～16 000
7	电流输入模式	−20～20 mA	−4 000～4 000
8	电流输入模式	−20～20 mA	−20 000～20 000
9～E	不可以设定		
F	通道不使用		

4. 基本程序示例

视频

FX3U-4AD基本程序讲解

FX3U系列PLC上连接了FX3U-4AD(单元号为0),输入模式设定通道ch1、ch2模式为0,通道ch3、ch4模式为3,设定通道ch1～ch4平均采样次数为10次,数值滤波功能无效(初始值)。分配软元件D0～D3对应通道ch1～ch4的A/D转换数字值。其梯形图如图10-16和图10-17所示,其中,图10-16梯形图用BFM直接指定方法,图10-17梯形图用FROM、TO指令。

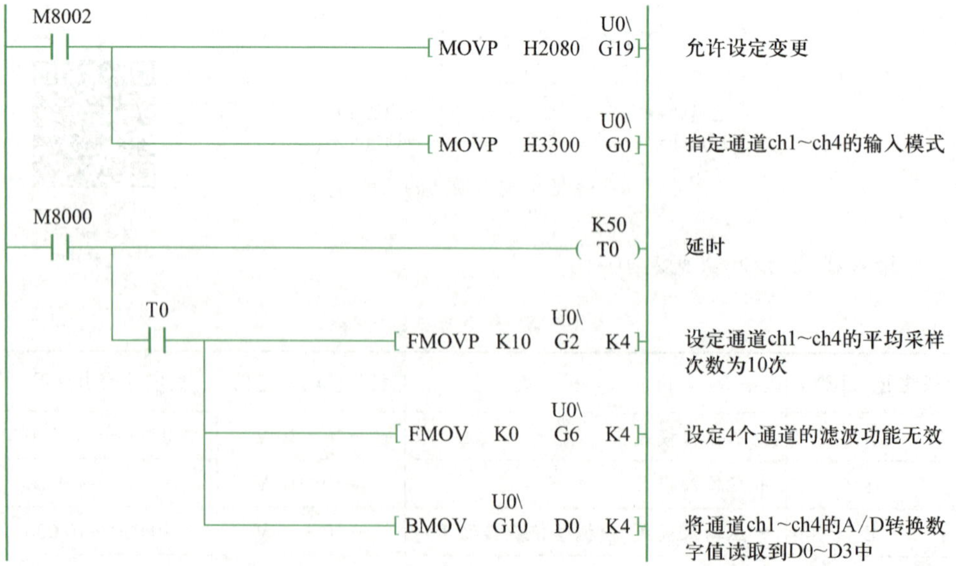

图10-16 FX3U-4AD梯形图示例1

```
    M8002
    ├──┤ ├──────────┬──────[ TOP    K0    K19    K2080    K1 ]   允许设定变更
    │                │
    │                └──────[ TOP    K0    K0     H3300    K1 ]   指定通道ch1~ch4的输入模式
    │
    M8000                                              K50
    ├──┤ ├──────────┬─────────────────────────────( T0 )         延时
    │                │
    │    T0
    │    ├──┤ ├──────┬──────[ TOP    K0    K2     K10      K4 ]   设定通道ch1~ch4的平均采样
    │                │                                            次数为10次
    │                │
    │                ├──────[ TOP    K0    K6     K0       K4 ]   设定4个通道的滤波功能无效
    │                │
    │                └──────[ FROM   K0    K10    D0       K4 ]   将通道ch1~ch4的A/D转换数
    │                                                             字值读取到D0~D3中
```

图10-17　FX3U-4AD梯形图示例2

四、FX3U-4DA模拟量输出模块

1. FX3U-4DA特点

FX3U-4DA可以连接在FX3U系列PLC上,也可以连接在FX3UC、FX3G系列PLC上,是将来自PLC的4个通道的数字值转换成模拟量(电压/电流)并输出的模拟量特殊功能模块。其特点如下。

(1) 在PLC上最多可以连接8台(包括其他特殊功能模块的连接台数)。

(2) 可以对各通道指定电压输出、电流输出。

(3) 将FX3U-4DA的缓冲存储器(BFM)中保存的数字值转换成模拟量(电压、电流),并输出。

(4) 可以用数据表格的方式,预先对决定好的输出形式做设定,然后根据该数据表格进行模拟量输出。

2. FX3U-4DA的接线

(1) 端子排列

FX3U-4DA的端子排列如图10-18所示。

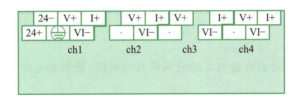

图10-18　FX3U-4DA的端子排列

FX3U‐4DA 的端子用途见表 10‐9。

表 10‐9　FX3U‐4DA 的端子用途

端　　子	用　　途
24＋	DC24V 电源
24－	
⏚	接地端子
V＋	通道 ch1 模拟量输出
VI－	
I＋	
•	不接线
V＋	通道 ch2 模拟量输出
VI－	
I＋	
•	不接线
V＋	通道 ch3 模拟量输出
VI－	
I＋	
•	不接线
V＋	通道 ch4 模拟量输出
VI－	
I＋	

（2）模拟量输出接线

FX3U‐4DA 模拟量输出模块接线如图 10‐19 所示，图中"ch□"中"□"为通道号。模拟量输出模式中，各通道 ch 中都可以使用电压输出、电流输出。

几点说明

（1）连接的基本单元为 FX3G 或 FX3U 系列 PLC（AC 电源型）时，可以使用 DC24V 供给电源。

（2）请不要对•端子接线。

（3）模拟量的输出线使用 2 芯的屏蔽双绞电缆，请与其他动力线或者易于受感应的线分开布线。

（4）输出电压有噪声或者波动时，请在信号接收侧附近连接 $0.1\sim0.47\mu F$ / $25\,V$ 的电容。

（5）请将屏蔽线在信号接收侧进行单侧接地。

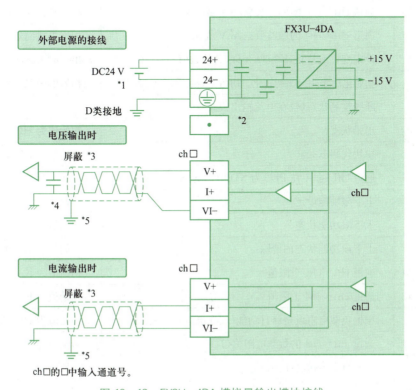

图 10－19　FX3U－4DA 模拟量输出模块接线

FX3U－4DA 模拟量输出模块与 PLC 基本单元连接时，其电源接线可以参考模拟量输入模块 FX3U－4AD 的接线。

3. BFM 分配

FX3U－4DA 模拟量输出模块的缓冲寄存器 BFM 从 BFM♯0～BFM♯3098，以下只介绍其常用的缓冲寄存器，见表 10－10。

表 10－10　FX3U－4DA 常用缓冲寄存器

BFM 编号	内　　容	备　　注
♯0	指定通道 ch1～ch4 的输出模式	可停电保持，出厂时为 H0000
♯1～♯4	通道 ch1～ch4 的输出数据	初始值为 K0
♯5	当 PLC 为 STOP 时的输出设定	初始值为 H0000

续　表

BFM 编号	内　　　容	备　　　注
♯6	输出状态	初始值为 H0000
♯9	通道 ch1～ch4 的偏移、增益设定值的写入指令	初始值为 H0000
♯10～♯13	通道 ch1～ch4 的偏移数据(mV 或 µA)	根据模式而定
♯14～♯17	通道 ch1～ch4 的增益数据(mV 或 µA)	根据模式而定
♯19	设定变更或禁止,K3030 允许,其他数值禁止	出厂时为 K3030
♯20	初始化功能,用 K1 初始化。初始化结束后,自动变为 K0	初始值为 K0
♯28	断线检测状态(仅在电流输出模式有效)	
♯29	出错状态	初始值为 H0000
♯30	模块代码 K3030	初始值为 K3030
♯32～♯35	通道 ch1～ch4 在 PLC 为 STOP 时的输出数据	初始值为 K0
♯38	上下限功能设定	初始值为 H0000
♯39	上下限功能状态	初始值为 H0000
♯40	上下限功能状态的清除	初始值为 H0000
♯41～♯44	通道 ch1～ch4 下限值	初始值为 K - 32640
♯45～♯48	通道 ch1～ch4 上限值	初始值为 K32640
♯50	根据负载电阻设定修订功能(仅在电压输出模式有效)	初始值为 H0000
♯51～♯54	通道 ch1～ch4 的负载电阻值(1 000～30 000 Ω)	初始值为 K30000
♯60	状态自动传送功能的设置	初始值为 K0
♯81～♯84	通道 ch1～ch4 的输出形式(K1～K10)	初始值为 K1

几点说明

　　BFM♯0 输出模式的指定,用于设定通道 ch1～ch4 的输出模式。输出模式的指定采用 4 位数的十六进制码,对各位分配各通道的编号,如图 10 - 20 所示。通过在各位中设定 0～4、F 的数值(5～E 无效),可以改变输出模式。

程序

FX3U-4DA
模块的 BFM
复位梯形图

图 10 - 20　各通道输出模式的指定

输出模式的种类,见表 10 - 11。

表 10 - 11　输出模式的种类

设定值(HEX)	输出模式	模拟量输出范围	数字量输入范围
0	电压输出模式	−10～10 V	−32 000～32 000
1	电压输出模拟量值(mV)指定模式	−10～10 V	−10 000～10 000
2	电流输出模式	0～20 mA	0～32 000
3	电流输出模式	4～20 mA	0～32 000
4	电流输出模拟量值(μA)指定模式	0～20 mA	0～20 000
5～E	无效(设定值不变化)		
F	通道不使用		

输出模式设定时的注意事项如下。

(1) 改变输出模式时,输出停止;输出状态缓冲寄存器(BFM ♯6)中自动写入H0000。输出模式的变更结束后,输出状态缓冲寄存器(BFM ♯6)自动变为H1111,并恢复输出。

(2) 输出模式的设定需要约5 s。改变了输出模式时,请设计经过5 s以上的时间后,再执行各设定的写入。

(3) 改变了输出模式时,在以下的缓冲存储区中,针对各输出模式以初始值进行初始化。BFM♯5、BFM♯38 、BFM♯50,以上仅输出模式改变了的通道,其相应的位被初始化;BFM♯10～BFM♯13、BFM♯14～BFM♯17、BFM♯32～BFM♯35、BFM♯41～BFM♯44、BFM♯45～BFM♯48,以上仅输出模式改变了的通道,其相应的BFM被初始化;BFM ♯28 仅在从电流输出模式变为电压输出模式时,被初始化。

(4) 不能设定所有的通道同时都不使用(HFFFF 的设定)。

4. 基本程序示例

FX3U 系列 PLC 上连接了 FX3U－4DA(单元号为 0),输出模式设定值,通道 ch1、ch2 为 0,通道 ch3 为 3,通道 ch4 为 2,并向 4 个通道均写入数字量10000,其梯形图如图 10－21、图 10－22 所示。其中,图 10－21 梯形图用 BFM 直接指定方法,图 10－22 梯形图用FROM、TO 指令。

视频

FX3U-4DA
基本程序讲解

```
 M8002
──┤├──┬──────────────────────[ MOVP    H3030    U0\  ]──  允许设定变更
       │                                         G19
       │
       │                                              向BFM#0写入H2300
       │                                         U0\   通道ch1、通道ch2：电压输出(-10~10 V)模式，
       └──────────────────────[ MOVP    H2300    G0  ]──  设定值为0
                                                          通道ch3：电流输出(4~20 mA)模式，设定值为3
                                                          通道ch4：电流输出(0~20 mA)模式，设定值为2
 M8000
──┤├─────────────────────[ FMOV    K10000    D0    K4 ]──  向D0~D4写入数字量

 M8000                                              K50
──┤├──┬───────────────────────────────────────────( T0 )──  延时
       │
       │ T0                                         U0\
       └──┤├────────────────[ BMOV    D0        G1    K4 ]──  D0~D4数据对应模拟量分别由通道ch1~ch4输出
```

图 10 - 21 FX3U - 4DA 梯形图示例 1

```
 M8002
──┤├──┬────────────[ TOP    K0    K19    K3030    K1 ]──  允许设定变更
       │
       │                                              向BFM#0写入H2300
       │                                              通道ch1、通道ch2：电压输出(-10~10 V)模式，
       └────────────[ TOP    K0    K0     H2300    K1 ]──  设定值为0
                                                          通道ch3：电流输出(4~20 mA)模式，设定值为3
                                                          通道ch4：电流输出(0~20 mA)模式，设定值为2
 M8000
──┤├─────────────────────[ FMOV    K10000    D0    K4 ]──  向D0~D4写入数字量

 M8000                                              K50
──┤├──┬───────────────────────────────────────────( T0 )──  延时
       │
       │ T0
       └──┤├─────────[ TO    K0    K1     D0       K4 ]──  D0~D4数据对应模拟量分别由通道ch1~ch4输出
```

图 10 - 22 FX3U - 4DA 梯形图示例 2

巩固与拓展

一、巩固自测

1. 查询三菱公司的相关手册，了解不同特殊适配器的使用方法。

2. FX3U 系列 PLC 基本单元要向单元号为 0 的特殊功能模块的缓冲存储器 BFM♯20写入数据 K500，试写出其程序。

3. FX3U 系列 PLC 上连接了 FX3U - 4AD(单元号为 0)用于检测 3 个通道的传感器输入。各通道传感器的输出信号分别为：通道 ch1 电压输入(-10~10 V)；通道 ch2 电流

输入(4~20 mA);通道 ch3 没有输入;通道 4 电流输入(4~20 mA)。BFM♯0 应写入什么值?

二、拓展任务

某系统 FX3U 系列 PLC 上连接了 FX3U‑4AD(单元号为 0)。其输入模式设定值通道 ch1 为 0(电压输入,输入范围为-10~10 V),将模块的通道 ch1 连接 0~10 V 直流电压源,利用 FX3U‑4AD 读取模拟量对应的数字量,并通过 PLC 内部计算得出该数字量对应的电压,试观察计算的电压与直流电压源电压。设计出软元件分配表,并写出程序。

PLC 实现自动生产线控制

 **任务目标**

(1) 了解自动生产线的组成和功能,能进行简单的安装和调试。

(2) 熟悉 N∶N 网络通信中软元件的分配及通信程序的编写。

(3) 熟悉触摸屏的设计软件,三菱变频器的工作原理。

(4) 掌握 PLC 进行对象控制时 I/O 点的确定,触摸屏、变频器的正确接线方法。

(5) 掌握触摸屏编程软件制作触摸屏画面、通用变频器的操作及设置方法,能解决简单的实际工程问题。

(6) 提高自动生产线控制设备的操作、调试和故障排除的能力。

 **任务描述**

● 任务内容

自动生产线是综合机械技术、控制技术、传感技术、驱动技术、网络技术于一体的机械电气一体化装置系统。本任务以浙江亚龙智能装备集团股份有限公司生产的亚龙 YL-335B 型自动生产线实训考核装备中的皮带传送分拣单元为例实现任务目标。

几点说明

1. 自动生产线的基本组成

亚龙 YL-335B 自动生产线实训考核装备采用模块组合式结构,各工作单元是相对独立的模块,安装在铝合金导轨式实训台上,由供料单元、加工单元、装配单元、分拣单元和输送单元 5 个单元组成,综合应用了气动控制技术,机械技术(机械传动、机械连接等),传感器应用技术,PLC 控制和组网,伺服电机位置控制和变频器技术等,构成一个典型的自动生产线机械平台,其外观如图 11-1 所示。

其中,每一个工作单元也可作为单独的机电系统进行控制,系统各机构应用了气动驱动、伺服电机位置控制和变频器驱动等技术。执行机构基本以气动执行机构为主,各单元之间采用 PLC 工业网络通信技术实现系统联动,真实再现工业自动生产线中的供料、检测、搬运、加工、装配、输送、分拣过程。输送单元的机械手装

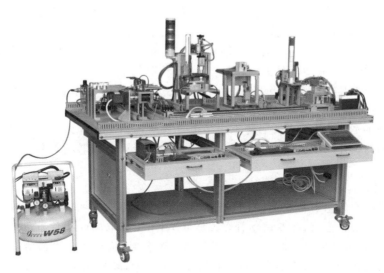

图 11-1　YL-335B 外观图

置整体运动采用伺服电机驱动、精密定位的位置控制,该驱动系统具有长行程、多定位的特点,是一个典型的一维位置控制系统。分拣单元的传送带驱动则采用了通用变频器驱动三相异步电动机的交流传动装置。位置控制和变频器技术是现代工业企业应用最广泛的电气控制技术。

YL-335B 设备应用多种类型的传感器,分别用于判断物体的运动位置、物体通过的状态、物体的颜色及材质等。传感器技术是机电一体化技术中的关键技术之一,是现代工业实现高度自动化的前提之一。

在控制方面,该系统采用了基于 RS-485 串行通信的 PLC 网络控制方案,即一个工作单元由一台 PLC 承担其控制任务,各 PLC 之间通过 RS-485 串行通信实现互联的分布式控制方式。用户可根据需要选择不同厂家的 PLC 及其所支持的 RS-485 通信模式,组建成一个小型的 PLC 网络。掌握基于 RS-485 串行通信的 PLC 网络技术可为进一步学习现场总线技术、工业以太网技术等打下良好的基础。

各工作单元基本功能如下。

(1) 供料单元

供料单元是 YL-335B 中的起始单元,在整个系统中,起着向系统中的其他单元提供原料的作用。具体的功能是:按照需要将放置在料仓中待加工工件(原料)自动地推出到物料台上,以便输送单元的机械手将其抓取,搬运到其他单元上。

(2) 加工单元

加工单元的基本功能是:把该单元物料台上的工件(工件由输送单元的机械手上料)送到冲压机构下面,完成一次冲压加工动作,然后再返回机械手取料处,待输送单元的机械手取料。

(3) 装配单元

装配单元的基本功能是:将该单元料仓内的金属、黑色或者白色小圆柱工件,嵌入放置在装配料斗的待装配工件中,进行装配。料仓中的小圆柱工件在重力作用下自动下落,通过两直线气缸的共同作用(分别对底层相邻两物料夹紧与松开),完成对连续下落物料的分配,被分配的物料按照指定的路径落入物料回转台的料斗中,再通过摆台完成180°位置变换后,由前后移动气缸、上下移动气缸、气动手指所组成的机械手夹持并进行移位,最后插入已定位的半成品工件中,完成装配工作。

　　(4) 分拣单元

　　分拣单元的基本功能是:将上一单元送来的已加工、装配的工件进行分拣,使不同颜色的工件从不同的出料槽进行分流。传送带由变频器控制三相异步电动机进行驱动。

　　(5) 输送单元

　　输送单元的基本功能是:通过直线运动传动机构驱动机械手装置精确定位到指定单元的物料台上,并在该物料台上抓取工件,把抓取到的工件搬运到指定地点放下,实现搬运工件的功能。YL-335B出厂配置时,输送单元在网络系统中担任着主站的角色,它接收来自触摸屏的系统主令信号,读取网络上各从站的状态信息,加以综合后,向各从站发送控制要求,协调整个系统的工作。输送单元由机械手装置、直线运动传动组件、拖链装置、PLC模块和接线端口以及按钮/指示灯模块等部件组成,其直线运动传动机构采用伺服电动机驱动。

　　2. 分拣单元控制系统的结构和工作过程

　　在自动生产线中,皮带传送分拣单元主要分拣上一单元送来的已加工、装配的工件,根据检测到的工件材料、颜色将工件分流。当入料口的对射式光电传感器检测到输送站送来的工件后,即启动变频器,工件开始送入分拣区进行分拣。

　　分拣单元的结构图如图11-2所示,由传送带、变频器、三相交流减速电动机、旋转编码器、磁性传感器、电磁阀组、金属传感器、光纤传感器、对射式光电传感器、出料槽、电动机安装支架等元器件及机械零部件构成,主要完成来料的检测、分类、入库。

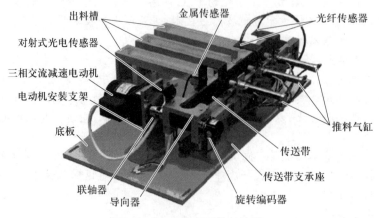

图 11-2 分拣单元的结构图

　　变频器用于控制三相交流减速电动机驱动带传动,实现工件在传送带上的传送。

　　传动机构如图11-3所示。采用三相交流减速电动机用于驱动传送带从而输送物料。它主要由电动机安装支架、三相交流减速电动机、联轴器等组成。三相交流减速电动机是传动机构的主要部分,电动机转速的快慢由变频器来控制。在安装和调整时,要注意电动机的轴和传送带主动轮的轴必须要保持在同一直线上。

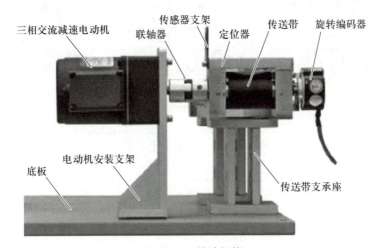

三相交流减速电动机　　传感器支架　传送带　旋转编码器
联轴器　　　　定位器
电动机安装支架
底板
传送带支承座

图11-3　传动机构

　　对射式光电传感器用于检测入料口是否有工件,当入料口有工件时,给PLC提供输入信号。

　　金属传感器(即电感式接近开关)用于检测工件材料是否为金属,根据材料的性质为工件选择不同的出料槽。

　　光纤传感器用于检测工件的颜色为白色还是黑色,根据不同颜色材料反射光强度的不同来区分不同颜色的工件。光纤传感器的检测灵敏度可通过光纤放大器的灵敏度调节旋钮进行调节。

　　磁性传感器用于推料气缸和旋转气缸的位置检测。当检测到气缸准确到位后给PLC发出一个到位信号。

　　旋转编码器是通过光电转换,将输出轴上的机械几何位移量转换成脉冲或数字信号的传感器,主要用于速度或位置(角度)的检测,脉冲输出端直接连接到PLC的高速计数器输入端。典型的旋转编码器是由光栅盘和光电检测装置组成的,分为增量式、绝对式以及复合式,自动生产线上常采用的是增量式旋转编码器。旋转编码器在安装时,因其内部为精密光电元件,因此要轻拿轻放,编码器与电动机同轴安装,要求转动平稳无震动,且高速旋转时不打滑。

　　气动控制系统是分拣单元的执行机构,该执行机构的逻辑控制功能由PLC实现。分拣单元的电磁阀组使用了三个由二位五通的带手控开关的单电控电磁阀,它们安装在汇流板上。这三个阀分别对三个出料槽的推料气缸的气路进行控制,以改变各自的动作状态。当PLC给推料气缸电磁阀动作信号,推料气缸电磁阀动作,推杆伸出,将工件推入出料槽。气动控制回路示意图如图11-4所示。

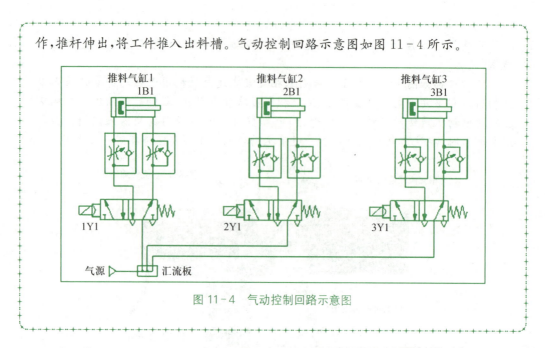

图 11-4　气动控制回路示意图

● 实施条件

教学做一体化教室,PLC实训装置(含PLC基本单元),YL-335B自动生产线实训考核装备,个人计算机(已安装 GX Works2、MCGS 编程软件),电工常用工具、导线若干。

 任务实施

步骤一　准备工作。

通电检查自动生产线的各站是否正常,检查实训装置是否正常,检查 PLC 与计算机的连接是否正常,置 PLC 于"STOP"状态。

步骤二　读懂控制要求。

1. 设备上电和气源接通后,若工作单元的三个气缸均处于缩回位置,则"正常工作"指示灯 HL1 常亮,表示设备准备好。否则,该指示灯以 1 Hz 频率闪烁。

2. 若设备准备好,按下启动按钮,系统启动,"设备运行"指示灯 HL2 常亮。当传送带入料口人工放下已装配的工件时,变频器即启动,驱动传动电动机以固定频率为 30 Hz 的速度,把工件带往分拣区。

3. 设备的工作目标是完成对白色金属或塑料工件,黑色金属或塑料工件的分拣。为了在分拣时准确推出工件,要求使用旋转编码器作定位检测,并且工件材料和颜色属性应在到达推料气缸前的适应位置被检测出来。

如果工件为白色金属工件,则该工件到达 1 号出料槽入口处的中间,传送带停止,工件被推到 1 号出料槽中;如果工件为白色塑料工件,则该工件到达 2 号出料槽入口处的中间,传送带停止,工件被推到 2 号出料槽中;如果工件为黑色金属或塑料工件,则该工件到达 3

号出料槽入口处的中间,传送带停止,工件被推到 3 号出料槽中。工件被推到出料槽中后,该工作单元的一个工作周期结束。只有当工件被推到出料槽中后,才能再次向传送带下料。

如果运行期间按下停止按钮,该工作单元在本工作周期结束后停止运行。

步骤三　设计 PLC 控制 I/O 分配表。

根据任务要求,分拣单元 PLC 选用三菱 FX3U‑32MR 基本单元,共 16 点继电器输入和 16 点继电器输出。PLC 实现自动生产线分拣单元控制 I/O 分配表见表 11‑1。

表 11‑1　PLC 实现自动生产线分拣单元控制 I/O 分配表

类　别	元件	I/O 点编号	备　注
输　入	B 相	X0	旋转编码器 B 相
	A 相	X1	旋转编码器 A 相
	Z 相	X2	旋转编码器 Z 相
	SC1	X3	对射式光电传感器
	SC2	X4	金属传感器
	SC3	X5	光纤传感器
	1B	X7	推杆 1 推出到位
	2B	X10	推杆 2 推出到位
	3B	X11	推杆 3 推出到位
	SB2	X12	启动按钮
	SB1	X13	停止按钮
	QS	X14	急停按钮
	SA	X15	单机/全线
输　出	STF	Y0	变频器 STF
	RH	Y1	变频器 RH
	1Y	Y4	推料气缸 1 电磁阀
	2Y	Y5	推料气缸 2 电磁阀
	3Y	Y6	推料气缸 3 电磁阀
	HL1	Y7	红色指示灯 HL1
	HL2	Y10	黄色指示灯 HL2
	HL3	Y11	绿色指示灯 HL3

步骤四　画出 I/O 硬件接线图。

根据表 11‑1,得到如图 11‑5 所示 PLC 实现自动生产线分拣单元控制 I/O 硬件接线图。

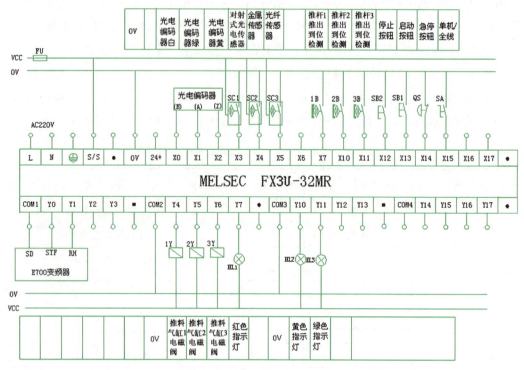

图 11-5　PLC 实现自动生产线分拣单元控制 I/O 硬件接线图

步骤五　变频器参数设置。

根据任务要求完成变频器电气接线和频率设定,使用变频器驱动传动电动机以固定频率为 30 Hz 的速度把工件送往分拣区。测试时变频器参数可设置为 Pr.79＝1,Pr.161＝0;可以在变频器操作面板进行启动或停止的操作,用 M 旋钮进行变频器频率的调节;测试结束后,变频器参数可设置为 Pr.79＝2,Pr.161＝1,Pr.4＝30Hz,固定为外部运行模式,M 旋钮电位器式,通过模拟量电压输入信号调频,高速段运行频率为 30 Hz。

步骤六　设计任务程序。

YL-335B 型自动生产线有单机和联机两种工作模式,因为联机工作模式程序的编制要涉及各工作单元间的通信设置,所以在此主要讲述单机工作模式下分拣单元程序的编制。单机工作模式下分拣单元关键程序如图 11-6 所示。

1. 旋转编码器脉冲当量测试

旋转编码器脉冲当量结果为测试的估算值,所以需要进行调试和测试。脉冲当量等于工件移动距离与高速计数脉冲数的商。其中,工件移动距离通过尺子测量,高速计数脉冲数通过在 PLC 程序监控界面上观察高速计数器 C251 的读数得到。通过脉冲当量可以计算传送带移动的距离,通过反复测试与计算,从而可以保证工件能正好停在出料槽入口处的中间,推杆能准确地将工件推入槽中。

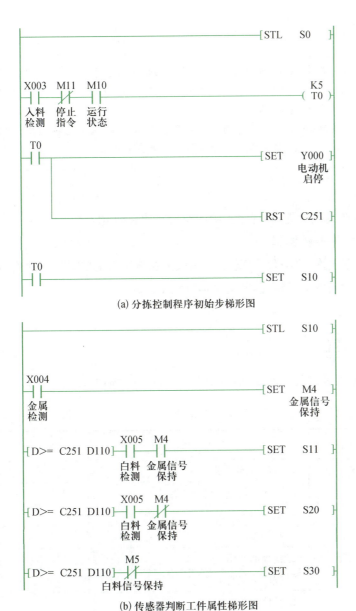

(a) 分拣控制程序初始步梯形图

(b) 传感器判断工件属性梯形图

图 11-6　单机工作模式下分拣单元关键程序

2. 分拣控制程序

分拣过程可以考虑用步进顺控程序更加方便,在程序的初始阶段,当检测到工件到达传送带入料口处时,复位高速计数器 C251,以固定频率启动变频器驱动电动机运转,分拣控制程序初始步梯形图如图 11-6a 所示。当工件经过光纤传感器和金属传感器时,根据工件的属性,产生不同的程序分支流向,传感器判断工件属性梯形图如图 11-6b 所示。判断工件是否到达出料槽入口处的中间,可通过触点比较指令判断 C251 当前计数脉冲数与传感器预设的位置值对应的脉冲数是否相等来实现。

几点说明

（1）上电复位是指 PLC 接通电源切换到运行状态后进行的一系列的初始化操作，包括电动机停止、气缸回归初始位置、计数器定时器清零等，其目的是使电气设备回到初始位置以保证设备的正常运行。

（2）本程序可实现物料的连续分拣，只要传送带入料口位置的对射式光电传感器检测到有工件就会启动传动带电动机完成物料分拣工作。

步骤七 下载程序。

启动 GX Works2 编程软件，将程序正确地输入并下载到 PLC。

步骤八 运行程序，整体调试。

将 PLC 的运行方式置于"RUN"状态。小组成员在传送带上放置各种颜色的物料，设置变频器参数，观察设备的运行情况，并记录运行结果。

步骤九 整理技术文件。

 任务检查与评价

根据学生在任务实施过程中的表现，客观予以评价，评价标准见表 11-2。

表 11-2 评 价 标 准

一级指标	比例	二 级 指 标	比例	得分
电气接线	25%	1. I/O 分配接线	10%	
		2. 变频器及驱动电动机接线	10%	
		3. 电气接线工艺	5%	
程序设计与输入	30%	1. 程序设计	20%	
		2. 指令的使用	5%	
		3. 程序输入与下载	5%	
系统整体运行调试	35%	1. 复位功能	5%	
		2. 变频器参数设置	10%	
		3. 变频器启动及运行	5%	
		4. 工件分拣精度	5%	
		5. 故障排除	10%	
职业素养与职业规范	10%	1. 设备操作规范性	4%	
		2. 工具、仪器、仪表的摆放、使用情况	2%	
		3. 现场安全、文明情况	2%	
		4. 团队分工协作情况	2%	
总 计		100%		

知识链接

一、FX 系列 PLC 通信简介

在生产应用过程中,对于复杂的生产线自动控制系统,通常使用单个 PLC 很难完成控制要求,因此会根据生产的具体要求,将控制任务分解成多个控制子任务,然后每个子任务分别由一个 PLC 来完成。然而由于生产任务的复杂性,任务分解之后,并不能做到每个任务之间都没有任何关联。为了实现生产任务的统一管理和调度,这时必须将完成各个子任务的 PLC 组成网络,通过通信的方式传递控制指令和各个工作部件之间的状态信息,因此 PLC 使用用户必须掌握 PLC 的通信功能。

FX 系列 PLC 支持 N∶N 网络、并行链接、计算机链接(用专用协议进行数据传输)、无协议通信(用 RS 指令进行数据传输)、变频器通信、CC‑Link、可选编程端口等通信方式,但都需要扩展通信板或通信适配器。支持 FX3U 系列 PLC 通信的通信板与通信适配器有 FX3U‑232‑BD、FX3U‑232ADP、FX3U‑422‑BD、FX3U‑485‑BD、FX3U‑485ADP 等。

PLC 通信接口

二、数据通信方式

PLC 联网的目的是实现 PLC 之间或 PLC 与计算机之间进行通信和数据交换,所以必须确定通信方式。

1. 并行通信和串行通信

在数据信息通信时,按同时传送数据的位数来分,可以分为并行通信和串行通信两种通信方式。

(1)并行通信,即所传送数据的各位同时发送或接收。并行通信传送速度快,但由于一个并行数据有 n 位二进制数,就需要 n 根传输线,所以常用于近距离的通信,在远距离传送的情况下,采用并行通信会导致通信线路复杂,成本高。

(2)串行通信,即以二进制为单位的数据传输方式,所传送数据按位一位一位地发送或接收。串行通信仅需一根到两根传输线,在长距离传送时,通信线路简单、成本低,与并行通信相比,传送速度慢,故常用于长距离传送且速度要求不高的场合。但近年来串行通信在速度方面有了很大的发展,可达 Mbit/s 数量级,因此,在分布式控制系统中串行通信得到了较广泛的应用。

2. 同步传送和异步传送

发送端与接收端之间的同步是数据通信中的一个重要问题。同步程序不好,轻则导致误码增加,重则使整个系统不能正常工作。根据数据信息通信时传送字符中的位数相同与否,分为同步传送和异步传送。

(1)同步传送。采用同步传送时,将许多字符组成一个信息组进行传送,但需要在每组信息(帧)的开始处加上同步字符,在没有帧传送时,要填上空字符,因为同步传送不允许有间隙。在同步传送过程中,一个字符可以对应5~8 bit。在同一个传送过程中,所有字符对应同样的位数,例如,字符对应 n 位,则在传送时按每 n 位划分为一个时间段,发送端在一个时间段中发送一个字符,接收端在一个时间段中接收一个字符。

在这种传送方式中,数据以数据块(一组数据)为单位传送,数据块中每个字节不需要起始位和停止位,因而克服了异步传送效率低的缺点,但同步传送所需的软、硬件价格较高。因此,通常在数据传送速率超过 2 000 bit/s 的系统中才采用同步传送,一般适用于点对多的数据传输。

(2)异步传送。异步传送是将位划分成组独立传送。发送方可以在任何时刻发送该比特组,而接收方并不知道该比特组什么时候发送。因此,异步传送存在着这样一个问题:在接收方检测到数据并作出响应之前,第一个位已经过去了。这个问题可通过协议得到解决,每次异步传送都由一个起始位通知接收方数据已经发送,这就使接收方有时间响应、接收和缓冲数据位。在传送时,一个停止位表示一次传送的终止。因为异步传送是利用起止法来达到收发同步的,所以又称为起止式传送。它适用于点对点的数据传输。

3. 串行接口标准

(1)RS-232-C 串行接口标准。RS-232-C 是 1969 年由美国电子工业协会公布的串行通信接口标准。RS-232-C 既是一种协议标准,又是一种电气标准,它规定了终端和通信设备之间信息交换的方式和功能。FX 系列 PLC 与计算机间的通信就是通过 RS-232-C 标准接口来实现的。它采用按位串行通信的方式。在通信距离较短、波特率要求不高的场合可以直接采用,既简单又方便。但由于其接口采用单端发送、单端接收,因此在使用中有数据通信速率低、通信距离短、抗共模干扰能力差等缺点。RS-232-C 可实现点对点通信。

常见的支持 RS-232-C 标准的通信接口模块有 FX3U-232-BD、FX3U-232ADP、FX2N-232-BD、FX1N-232-BD、FX0N-232-BD、FX-232ADP。

(2)RS-422 串行接口标准。RS-422 采用平衡驱动、差分接收电路,从根本上取消了信号地线。其在最大传送速率 10 Mbit/s 时,允许的最大通信距离为 12 m;传送速率为 100 kbit/s时,最大通信距离为 1 200 m。一台驱动器可以连接 10 台接收器,可实现点对多通信。

常见的支持 RS-422 标准的通信接口模块有 FX3U-422-BD、FX2N-422-BD、FX1N-422-BD。

(3)RS-485 串行接口标准。RS-485 是从 RS-422 基础上发展而来的,所以 RS-485 中许多电气规定与 RS-422 相似,如采用平衡传输方式,都需要在传输线上接终端电阻。RS-485 可以采用二线和四线方式。二线方式可实现真正的多点双向通信。

常见的支持 RS-485 标准的通信接口模块有 FX3U-485-BD、FX3U-485ADP、FX2N-485-BD、FX1N-485-BD、FX0N-485-BD、FX-485ADP。

计算机目前都有 RS-232-C 通信接口(不含笔记本电脑),三菱 FX 系列 PLC 采用

RS-422通信接口,三菱 FR 变频器采用 RS-422 通信接口。

三、N:N 网络链接

1.N:N 网络特点

N:N 网络通信也称简易 PLC 间链接,使用此通信网络,PLC 能链接成一个小规模的数据网络,主要具有以下特点。

(1) N:N 网络通信最多在 8 台 FX 系列 PLC 之间进行,其中一台作为网络中的主站,其他 PLC 作为从站。

(2) 站之间通过 RS-485 通信,进行软元件的相互链接。

(3) 网络中各 PLC 最长通信距离不超过 500 m。

这些 PLC 通过站点号作为每个 PLC 的唯一识别码,网络中每一个 PLC 都必须安装通信用特殊功能模块。

在图 11-7 中,主站中被链接的软元件为 M1000～M1063、D0～D7,从站 1 被链接的软元件为 M1064～M1127、D10～D17,从站 2 被链接的软元件为 M1128～M1191、D20～D27,后面的从站依次类推。但具体被链接的数量跟链接模式有关,以上点数为最大点数,即为模式 2(见后文介绍)下的链接元件。

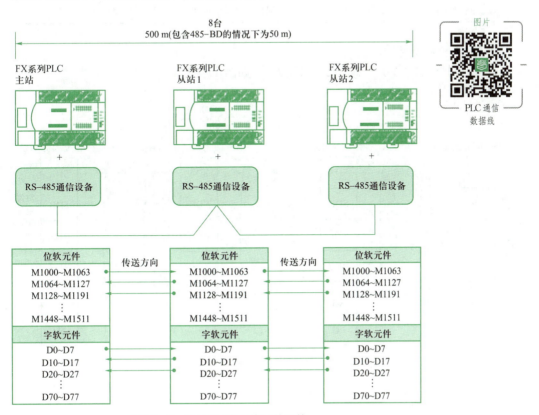

图 11-7　N:N 网络及软元件链接

2. 链接模式和链接点数

链接模式共有 3 种，分别为模式 0、模式 1 和模式 2。各模式下各站点的链接软元件见表 11-3。

表 11-3 各模式下各站点的链接软元件

站　号		模式 0		模式 1		模式 2	
		位软元件 (M)	字软元件 (D)	位软元件 (M)	字软元件 (D)	位软元件 (M)	字软元件 (D)
		0 点	各站 4 点	各站 32 点	各站 4 点	各站 64 点	各站 8 点
主站	站号 0		D0～D3	M1000～M1031	D0～D3	M1000～M1063	D0～D7
从站	站号 1		D10～D13	M1064～M1095	D10～D13	M1064～M1127	D10～D17
	站号 2		D20～D23	M1128～M1159	D20～D23	M1128～M1191	D20～D27
	站号 3		D30～D33	M1192～M1223	D30～D33	M1192～M1255	D30～D37
	站号 4		D40～D43	M1256～M1287	D40～D43	M1256～M1319	D40～D47
	站号 5		D50～D53	M1320～M1351	D50～D53	M1320～M1383	D50～D57
	站号 6		D60～D63	M1384～M1415	D60～D63	M1384～M1447	D60～D67
	站号 7		D70～D73	M1448～M1479	D70～D73	M1448～M1511	D70～D77

3. N：N 网络接线方式

N：N 网络的接线方法都采用 1 对线方式，如图 11-8 所示。

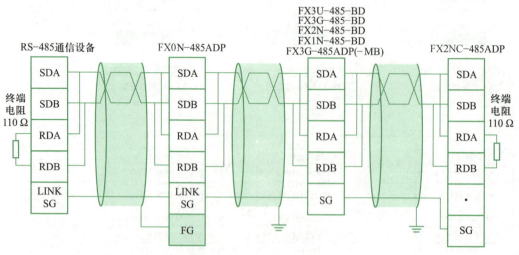

图 11-8 N：N 网络接线方式

4. N：N 网络通信相关的软元件

使用 N：N 网络时，FX 系列 PLC 的部分辅助继电器和数据寄存器被用作通信专用标志。辅助继电器的使用见表11‐4,数据寄存器的使用见表11‐5。

表 11‐4　辅助继电器的使用

分　类	编　　号	名　　　称	作　　　　用
通信设定 使用软元件	M8038	参数设定	通信参数设定标志,可作为有无 N：N网络标志
	M8179	通道设定	确定使用的通信口的通道,使用 通道2时置ON
确认通信 状态用软元件	M8183	数据传送系列出错	主站通信错误时置ON
	M8184～M8190	数据传送系列出错	从站通信错误时置ON
	M8191	正在执行数据传送系列	执行数据传送时置ON

表 11‐5　数据寄存器的使用

数据寄存器	名　　　称	作　　　用	设定值
D8173	站号(只读)	用于存储本站的站号	
D8174	从站总数(只读)	用于存储从站站点个数	
D8175	刷新范围(只读)	用于存储刷新范围	
D8176	站号设定	设定使用的站号,主站为0,从站为1～7	0～7
D8177	从站总数设定(只写)	设定从站总数	1～7
D8178	刷新范围设定(只写)	设定进行通信的软元件点的模式,初始 值为0	0～2
D8179	通信重试次数(只读)	用于在主站中设置重试次数,初始值为3	0～10
D8180	设定判断通信出错时间(读写)	主站通信超时时间设置(50～2 550 ms), 初始值为5,以 10 ms 为单位。从站无需 设定	5～255

5. 三台 PLC 构建 N：N 网络实例讲解

用三台 FX3U 系列的 PLC 构建一个 N：N 网络,每台 PLC 都装有 FX3U‐485‐BD。3 台 PLC 设置站号分别为 0、1、2。其中,0 号站为主站,其他两站为从站。现要求控制如下,编写控制程序。

(1) 接通 1 号从站输入 X0,则主站 Y0 输出为 ON。

(2) 接通 1 号从站输入 X1,则 2 号从站 Y0 输出为 ON。

(3) 接通 2 号从站输入 X0,则主站 Y1 输出为 ON。

(4) 接通 2 号从站输入 X1,则 1 号从站 Y0 输出为 ON。

主站程序如图 11‐9 所示,1 号从站程序如图 11‐10 所示,2 号从站程序如图 11‐11 所示。

图 11-9 主站程序

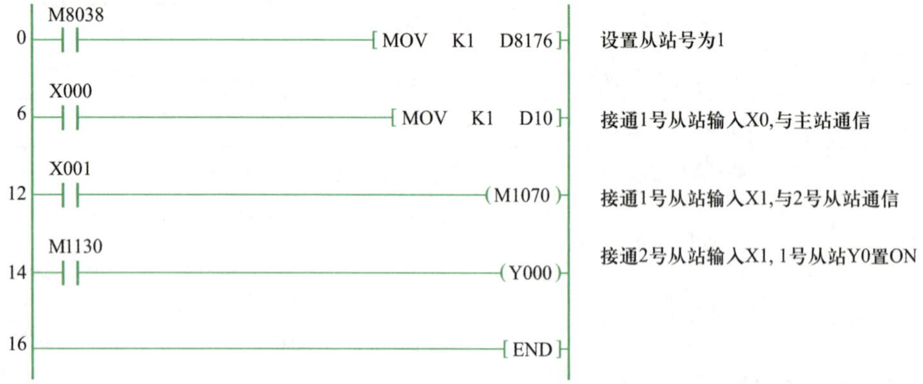

图 11-10 1号从站程序

图 11-11 2号从站程序

6. 自动生产线通信实例讲解

控制要求：把自动生产线输送单元作为 0 号主站，分拣单元作为 1 号从站，其他站注意把 PLC 工作电源关掉，编写 PLC 程序，完成 1∶1 的主从通信控制。

主站程序如图 11-12 所示，从站程序如图 11-13 所示。

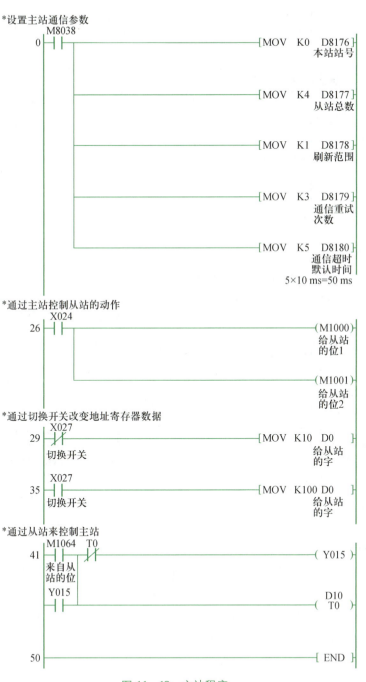

图 11-12　主站程序

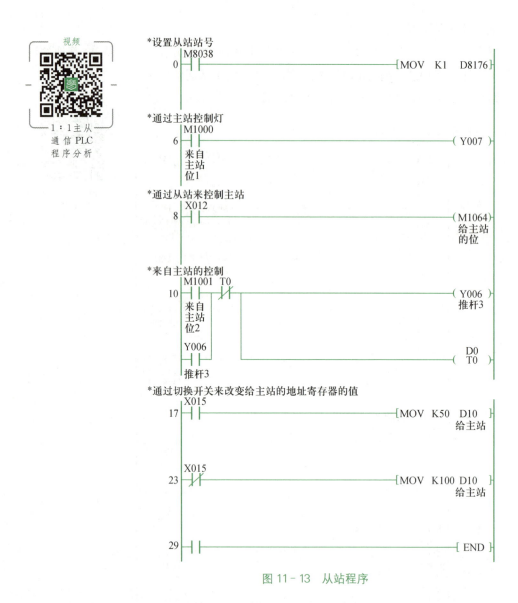

视频

1：1主从
通信 PLC
程序分析

图 11-13　从站程序

四、并行链接

1. 并行链接特点

FX 系列 PLC 使用并行链接的数据通信，可使用的 PLC 包括 FX0N、FX1N、FX2N、FX2N(C)、FX3U，在 1：1 基础上进行数据传输，主要具有以下特点。

（1）并行链接是在 2 台 FX 系列 PLC 之间进行，一台为主站，一台为从站。

（2）站之间通过 RS-485 或 RS-422 通信，进行软元件的相互链接。

（3）根据要链接的点数，可以选择普通模式和高速模式两种模式。

（4）网络中每个网络单元使用 FX0N-485 时最长通信距离不超过 500 m，每个网络单元使用 FX1N－485－BD 或 FX2N－485－BD 时最长通信距离不超过 50 m。

（5）并行链接在通信过程中不会占用系统的 I/O 点数，而是在辅助继电器 M 和数据寄存器 D 中专门开辟一块地址区域，按照特定的编号分配给 PLC。在通信过程中，两台 PLC 的这些特定的地址区域不断地自动交换信息。

图 11－14 是并行网络普通模式及软元件链接。图中，主站中辅助继电器 M800～M899 的状态不断被传送给从站的辅助继电器 M800～M899，这样，从站的 M800～M899 和主站的 M800～M899 的状态完全对应且相同。同样，从站的辅助继电器 M900～M999 的状态也不断被传送给主站的 M900～M899，两者状态相同。对数据存储器来说，主站的 D490～D499 的存储内容不断被传送给从站的 D490～D499，而从站的 D500～D509 存储内容则不断被传送给主站的 D500～D509，两边数据完全一样。这些状态和数据相互传送的软元件，称为链接软元件。两台 PLC 的并行链接的通信控制就是通过链接软元件进行的。

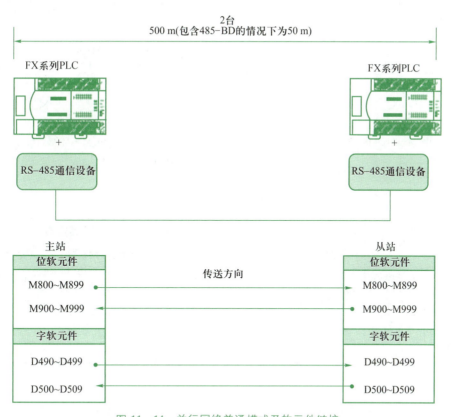

图 11－14　并行网络普通模式及软元件链接

2. 链接模式和链接点数

并行链接可分为普通模式和高速模式两种，图 11－15 是普通并行链接模式，图 11－16 是高速并行链接模式。普通模式和高速模式下各站点的链接软元件见表 11－6。

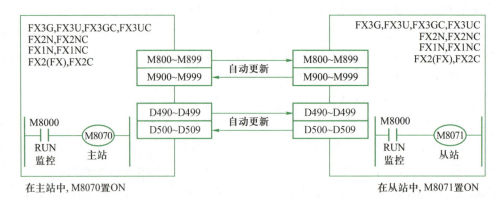

图 11 - 15 普通并行链接模式

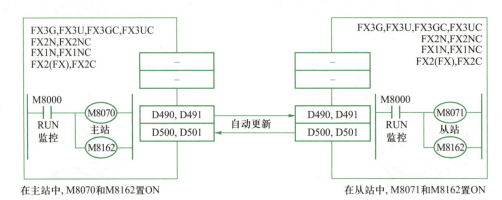

图 11 - 16 高速并行链接模式

表 11 - 6 各模式下各站点的链接软元件

站　　号		普通模式		高速模式	
		位软元件（M）	字软元件（D）	位软元件（M）	字软元件（D）
主站 从站	主站	M800～M899	D490～D499		D490、D491
	从站	M800～M899	D490～D499		D490、D491
从站 主站	主站	M900～M999	D500～D509		D500、D501
	从站	M900～M999	D500～D509		D500、D501

3. 并行链接接线方式

并行链接的接线方法有两种方式，即 1 对线方式和 2 对线方式，如图 11 - 17、图 11 - 18 所示。

4. 并行链接通信相关的软元件

使用并行链接时，必须设定软元件。与并行链接通信相关的辅助继电器和数据寄存器的使用见表 11 - 7。

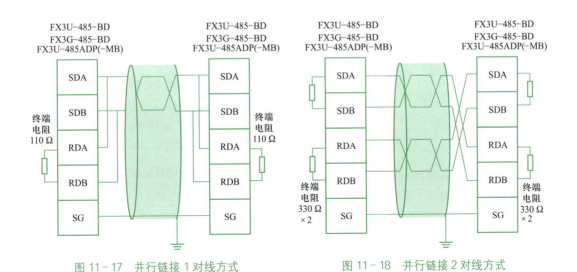

图 11-17　并行链接 1 对线方式　　　　　　图 11-18　并行链接 2 对线方式

表 11-7　与并行链接相关的辅助继电器和数据寄存器的使用

分　类	编号	名　　　称	作　　　用
通信设定 使用软元件	M8070	设定为并行链接的主站	置 ON 时,作为主站链接
	M8071	设定为并行链接的从站	置 ON 时,作为从站链接
	M8162	高速并行链接模式	置 ON 时,为高速模式,置 OFF 时,为普通模式
	M8178	通道的设定	设定要使用的通信口的通道(使用 FX3U、FX3UC 时),置 ON 时,为通道 2,置 OFF 时,为通道 1
	D8070	判断为错误的时间(ms)	设定判断并行链接数据时数据通信错误的时间,初始值为 500 ms
确认通信 状态用软元件	M8072	并行链接运行中	并行链接运行中置 ON
	M8073	主站/从站的设定异常	主站或是从站的设定内容有误时置 ON
	M8063	链接错误	通信错误时置 ON

5.并行链接网络构建实例讲解

用两台 FX3U 系列的 PLC 构建一个并行链接网络,两台 PLC 设置站号分别为 0、1。其中,0 号站为主站,1 号站为从站。根据如下控制要求,编写控制程序。

(1) 将主站输入信号 X0～X7 的状态传送到从站,通过从站的 Y0～Y7 输出。

(2) 将从站输入信号 X0～X7 的状态传送到主站,通过主站的 Y0～Y7 输出。

(3) 当并行链接出现中断时,主站 Y20 输出为 ON;

(4) 用从站 D20 来设置主站定时器的延时时间。

主站程序如图 11-19 所示,从站程序如图 11-20 所示。

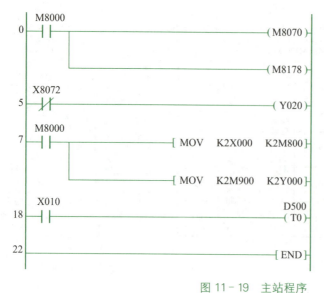

图 11 - 19 主站程序

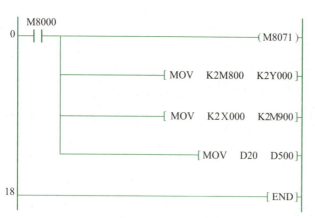

图 11 - 20 从站程序

五、CC - Link 通信和以太网通信

1. CC - Link 概念

CC - Link 是指控制和通信链路协议,最初是由日本三菱公司在 1996 年开发的,现在已成为自动化工程开发的一组开放工业网络协议标准。CC - Link 系列在自动化工程方面的应用主要是在制造过程中传送控制数据信息,目前主要分为四个不同的版本,包括标准的 CC - Link、CC - Link /LT、CC - Link Safety、CC - Link IE,它们互相补充,涵盖了自动化通信的不同方面。其中,CC - Link Safety 可以使设备快速定位通信错误,而 CC - Link IE 是分布最广,使用最多的 CC - Link 网络。CC - Link 可用作现场总线以及控制网络,是 CC - Link IE 的基础。CC - Link IE 具有如下特性:操作期间可以进行设备交换,分散式输入和输出实现高速的数据交换,减少计划、启动和维护的成本,组态软件借助

网络可以从任何位置监控和调整设备。CC‐Link IE 现场网络可以与没有管理功能的低价交换机一起使用,如使用总线或环形拓扑,则不需要集线器,从而节省很多资金。

CC‐Link 系统是指将分散配置的输入输出模块、智能功能模块、特殊功能模块等通过专用电缆相连接,通过可编程控制器 CPU 对这些模块进行控制的系统,其特性如下。

(1) 通过将各个模块分散安装到流水线及机械装置等设备中,系统可以节省配线。

(2) 可以方便高速地对各模块输入输出的 ON/OFF 信息、数值数据进行发送和接收。

(3) 通过连接多个 PLC 的 CPU,可以方便地构建分布式系统。

(4) 通过连接三菱合作厂商的各种装置设备产品,可以灵活地对应于所有系统。

2. CC‐Link 通信

CC‐Link 通信包括远程 I/O 站通信、远程设备站通信、本地站通信、智能设备站通信四种方式。

(1) 远程 I/O 站通信

远程 I/O 站是仅处理位信息的远程站。使用远程输入 RX、远程输出 RY 对开关的 ON/OFF 及指示灯的 ON/OFF 状态进行通信。

(2) 远程设备站通信

远程设备站是处理位信息及字信息的远程站。远程设备站的握手信号(初始化请求、出错发生标志等)使用远程输入 RX、远程输出 RY 进行通信。送至远程设备站的设置数据使用远程寄存器 RWw、RWr 进行通信。

(3) 本地站通信

本地站可以与具有 PLC 的主站及其他本地站进行通信。主站与本地站的通信中,使用循环传送、瞬时传送这两种传送方式。

① 循环传送

通过位信息(远程输入 RX、远程输出 RY)以及字信息(远程寄存器 RWw、RWr),PLC 之间的数据通信可以用 N∶N 网络的方式进行。

② 瞬时传送

可在任意时刻对本地站的缓冲存储器以及 CPU 软元件进行读取、写入操作。

(4) 智能设备站通信

智能设备站是可以处理位信息、字信息的站。在主站与智能设备站的通信中,使用循环传送以及瞬时传送这两种传送方式。

① 循环传送

与智能设备站的握手信号(定位始动、定位完成等)使用远程输入 RX、远程输出 RY 进行通信。数值数据(定位始动编号、当前进给值等)使用远程寄存器 RWw、RWr 进行通信。

② 瞬时传送

可以在任意时刻对智能设备站的缓冲存储器进行读取[G(P).RIRD]、写入[G(P).RIWT]。

2. 以太网通信

以太网是现有局域网采用的最普遍的通信协议标准,该标准定义了局域网中采用的电缆类型和信号处理的方法,连接的设备之间为了互相通信,必须具备可识别的地址,即IP地址,挂在网上的每个设备地址不能相同。三菱 FX5U 系列、三菱 Q 系列 PLC 内置含有以太网通信接口及功能。

三菱 FX5U 系列,作为 FX3U 系列的升级产品,以其中三菱小型 PLC MELSEC IQ - F 系列为例,使用集线器,可以连接 CPU 模块与多个工程工具、三菱触摸屏等,1 个 CPU 模块最多可以同时连接 8 台外部设备,其内置以太网功能如下。

(1) 与 MELSOFT 直接连接:不使用集线器,用 1 根以太网电缆直接连接 CPU 模块与工程工具(GX Works3);无需设定 IP 地址,仅连接指定目标即可进行通信。

(2) MELSOFT 连接:在公司内部局域网内,与 MELSOFT 产品(GX Works3)进行通信。

(3) 连接 CPU 搜索功能:对与使用 GX Works3 的计算机连接在同一集线器上的 CPU 模块进行搜索,从搜索结果一览中选择,从而获取 IP 地址。

(4) MELSOFT 的诊断功能:通过 GX Works3 对 CPU 模块的内置以太网端口进行诊断(以太网诊断)。

(5) SLMP 通信功能:从对方设备读取/写入数据。

(6) 通信协议支持功能:通过使用通信协议支持功能,可以与对象设备进行数据通信。

(7) Socket 通信功能:通过 Socket 通信命令,可以与通过内置以太网端口连接的外部设备以 TCP/UDP 协议收发任意数据。

(8) 远程口令:通过设置远程口令,防止来自外部的非法访问,加强安全性。

(9) IP 地址更改功能:本功能用于从外围设备等将 IP 地址设置至特殊寄存器,并通过将特殊继电器置为 ON,从而更改 CPU 模块的 IP 地址。

三菱 Q 系列 PLC 以太网接口具有 MC 通信协议、固定缓冲存储器和随机访问缓冲存储区三种通信方式。MC 协议是 MELSEC 协议的简称,外部设备可以通过 Q 系列以太网接口或 Q 系列串行通信模块,从 PLC 读取数据或将数据写入 PLC。固定缓冲存储器通信方式是使用以太网模块固定缓冲存储器,与 Q 系列 PLC 或者计算机进行通信。随机访问缓冲存储器通信方式,是数据按外部设备指令写入随机访问缓冲存储器中,按外部设备指令从随机访问缓冲存储器中读取数据。在三菱 Q 系列 PLC 中,通过以太网模块可以连接个人计算机、工作站、机器人等系统,借助 TCP/IP、UDP/IP 等协议来进行如下操作:PLC 数据的收集或变更,CPU 模块的运行监视、状态控制和任意数据的接收,网段内信息的快速传递等。

几点说明

(1) 使用PLC通信功能实现各PLC之间信息的传送有多种方法。可以使用CC-Link通信模块实现PLC和I/O设备的组网。感兴趣的读者可以自学CC-Link的相关知识。

(2) 计算机链接方式和无链接方式都需要根据通信协议编写通信程序。因此,除了掌握连接方式之外,还需要掌握PLC通信专用功能指令。

(3) 并行链接和N∶N网络方式不需要读者了解通信的具体细节。开发人员只需要知道通信初始化编程和数据共享方式就可以方便地在三菱公司的带通信功能的模块间实现通信。

(4) 不论采用何种组网方式,参与通信的各个模块都必须具备通信特殊功能模块才能实现通信。

(5) 三菱公司的PLC通信都是使用异步串行通信方式。

(6) 通信模块的电气标准有RS-232-C、RS-485和RS-422三种。开发人员可以根据系统要求自行选择。一般用得最多的是RS-485。

(7) 在通信硬件连接时,要清楚通信端子的信号定义和各个模块通信线的连接方法。

六、触摸屏相关知识及应用

在20世纪90年代初,随着计算机技术的迅猛发展和广泛普及,出现一种新的人机交互媒介——触摸屏技术,又称人机界面技术。触摸屏是操作人员和机械设备之间进行交互的窗口和界面,也叫人机界面(HMI),人只需用手指轻轻触碰显示屏幕上的图符或文字,就可实现对机械设备的控制操作;同时也可以通过显示屏幕,监控机械设备的运行状态,随时处理机械设备运行的反馈信息。

触摸屏应用范围较为广泛,不仅应用于公共信息的查询,如银行、电信、电力等部门信息的查询,也应用于工业自动控制、军事指挥等领域。在计算机多媒体技术的推动下,触摸屏作为极富吸引力的全新多媒体交互设备,在现代生产、日常生活中的应用越来越广泛。

1. 触摸屏工作原理

触摸屏主要由触摸检测部件、触摸屏幕、控制器和多个通信接口等组成。触摸检测部件安装在显示器屏幕前面,用于检测用户的触摸位置坐标。触摸屏幕由上、下两层弱导电薄膜组成,中间以极小绝缘点隔开;当上、下层弱导电薄膜接触时,便产生接触信号。当手指触摸时,两层弱导电薄膜在触摸点处接触面产生信号。此信号被触摸检测部件感知、接收后,并将它转换成触点坐标,再送给控制器。控制器根据触点坐标位置,控制触摸屏模拟计算机鼠标的运作方式进行工作。触摸检测部件同时也能接收控制器发来的指令信号,并且加以执行。多个通信接口用来完成触摸屏与外部设备之间的信息交换。触摸屏的显示功能与普通显示器相同,因此,在一定程度上触摸屏是集鼠标和显示器的功能于一体,人机交互更为简捷方便。

2. 触摸屏的分类

按照触摸屏的工作原理和传输信息的介质，把触摸屏分为四种：电阻式、电容感应式、红外线式以及表面声波式。电阻式触摸屏利用压力感应进行控制，电容感应式触摸屏利用人体的电流感应进行工作，红外线式触摸屏利用密布的红外线矩阵来检测并定位用户的触摸，表面声波式触摸屏利用声波能量传递进行控制。

3. 触摸屏的作用与功能

触摸屏一般通过串行接口与个人计算机、PLC、变频器以及其他外部设备连接通信、传输数据信息，由专用软件完成画面制作和传输，实现其作为图形操作和显示终端的功能。在控制系统中，触摸屏常作为 PLC 输入和输出设备，通过使用相关软件设计适合用户要求的控制画面，实现对控制对象的操作和显示。

4. 触摸屏界面设计软件 MCGS 组态软件简介

视频

MCGS 组态
软件的安装

触摸屏界面设计软件是对机器生产过程或者控制过程进行操作并使其可视化，根据需要尽量精确地把机器生产过程或者控制过程映射到操作单元中，进行可视化操作控制。触摸屏界面设计软件有很多种，MCGS 是用于昆仑通态触摸屏界面设计的组态软件，主要完成现场数据的采集与监测、前端数据的处理与控制。本书采用 Windows 7 操作系统，MCGS7.7 嵌入版组态软件完成触摸屏界面设计。

5. MCGS 组态软件新建工程

（1）启动 MCGS 组态软件，进入 MCGS 嵌入版组态环境界面，在菜单栏中，选择"文件"→"新建工程"命令，如图 11 - 21 所示。

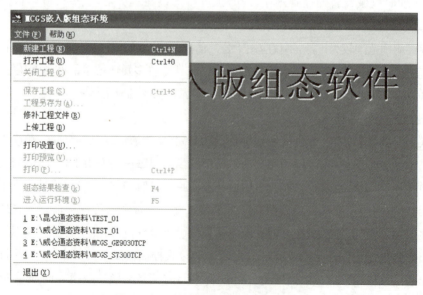

图 11 - 21　MCGS 嵌入版组态环境界面

（2）选择"新建工程"命令后，弹出如图 11-22 所示的"新建工程设置"对话框。

视频

MCGS 软件
的新建工程

图 11-22　"新建工程设置"对话框

（3）在"新建工程设置"对话框中选择触摸屏类型，单击"确定"按钮，弹出如图 11-23 所示的新建工程界面。在菜单栏中，选择"文件"→"工程另存为"命令，在弹出的"保存为"对话框中，选择保存的路径，输入文件名，如图 11-24 所示，单击"保存"按钮。

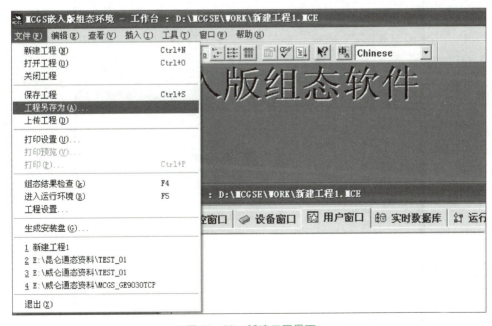

图 11-23　新建工程界面

图 11-24 "保存为"对话框

（4）选择"设备窗口"选项卡，如图 11-25 所示，单击"设备组态"按钮，在"设备组态"窗口中右键单击，在弹出的快捷菜单中，选择"设备工具箱"命令，如图 11-26 所示，弹出如图 11-27 所示的设备组态界面。

图 11-25 "设备窗口"选项卡

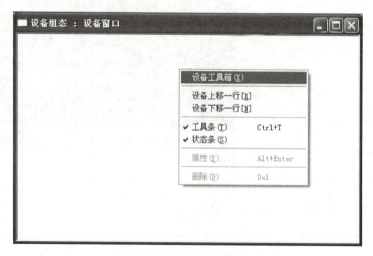

图 11-26 "设备组态"窗口

图 11-27　设备组态界面

（5）单击设备组态界面中的"设备管理"按钮，出现如图 11-28 所示"设备管理"窗口，左侧列表框中显示可选设备，单击"＋"图标展开设备列表，如图 11-29 所示，双击"三菱 FX 系列编程口"选项，单击"确认"按钮。此时，弹出如图 11-30 所示的设备管理界面。

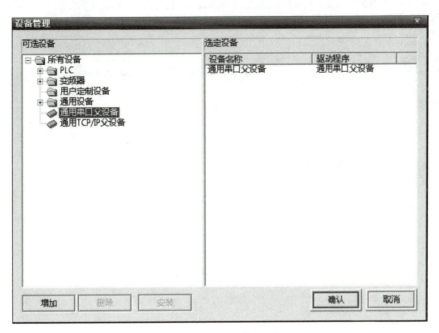

图 11-28　"设备管理"窗口

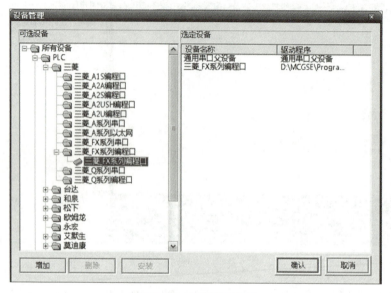

图 11-29　展开设备列表

视频

MCGS 软件
的设备组态

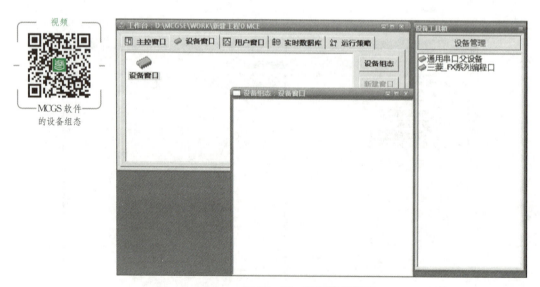

图 11-30　设备管理界面

（6）在设备管理界面的"设备工具箱"窗口中，双击"通用串口父设备"选项，双击"三菱_FX 系列编程口"选项，将设备添加到设备组态中，如图 11 - 31 所示。在"设备组态"窗口中，先双击"通用串口父设备 0—[通用串口父设备]"选项，在如图 11 - 32 所示的"通用串口设备属性编辑"对话框中，设置或者默认属性，再双击"设备 0—[三菱 FX 系列编程口]"选项，出现如图 11 - 33 所示的设备编辑窗口。

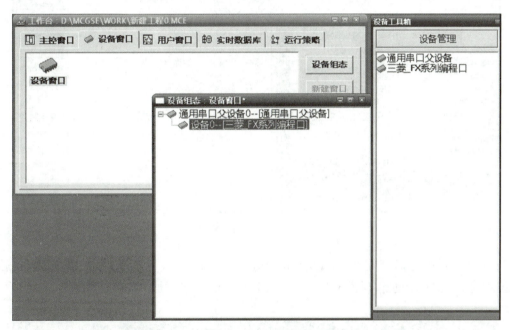

图 11 - 31　将设备添加到设备组态

图 11 - 32　"通用串口设备属性编辑"对话框

图 11-33 设备编辑窗口 1

（7）在设备编辑窗口中单击"删除全部通道"按钮，如图 11-34 所示，再单击"增加设备通道"按钮，选择"M 辅助寄存器"选项，弹出如图 11-35 所示的"添加设备通道"对话框。

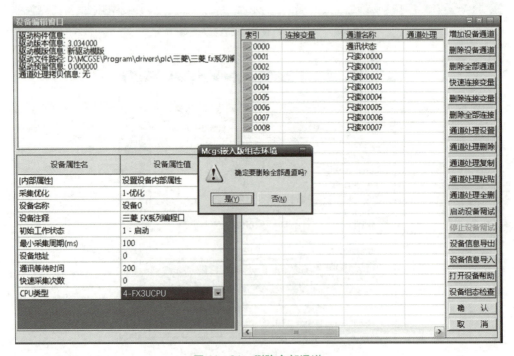

图 11-34 删除全部通道

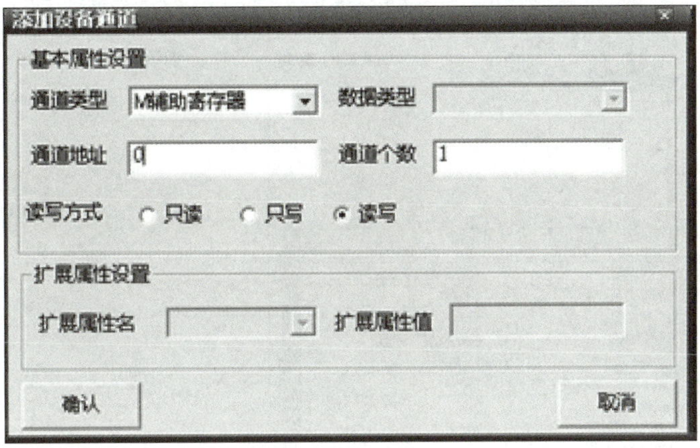

图 11-35　"添加设备通道"对话框

（8）在添加设备通道对话框中，单击"确认"按钮，弹出如图 11-36 所示的"变量选择"对话框。

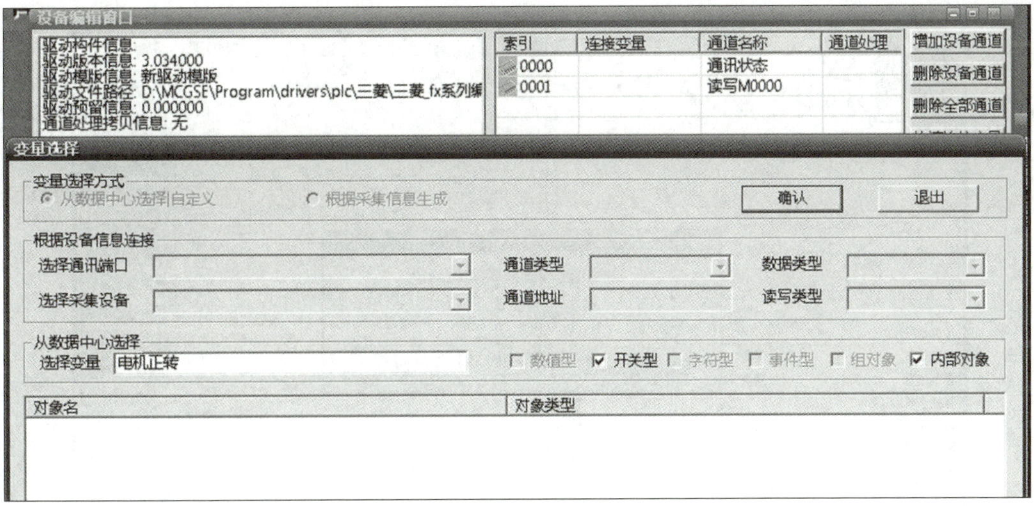

图 11-36　"变量选择"对话框

（9）双击设备编辑窗口中连接变量的空白位置，输入变量名为"电机正转"，单击"确认"按钮，弹出如图 11-37 所示的设备编辑窗口。

图 11-37 设备编辑窗口 2

（10）单击设备编辑窗口中的"确认"按钮，弹出如图 11-38 所示的"添加数据对象"提示框。

图 11-38 "添加数据对象"提示框

(11) 在"添加数据对象"提示框中单击"全部添加"按钮,修改 CPU 类型,保存并关闭设备组态窗口和设备工具箱窗口。在新建工程界面中,选择"用户窗口"选项卡,如图 11-39 所示。

图 11-39 "用户窗口"选项卡

(12) 在"用户窗口"选项卡中,单击"新建窗口"按钮,出现"窗口 0"图标,如图11-40 所示,右键单击"窗口 0"图标,在弹出的快捷菜单中,选择"属性"选项,弹出如图11-41 所示"用户窗口属性设置"对话框,可修改窗口名称、窗口背景色等,设置完成后,单击"确认"按钮。双击新建的窗口或者点击"动画组态"按钮即可进入动画组态窗口设计编辑界面。

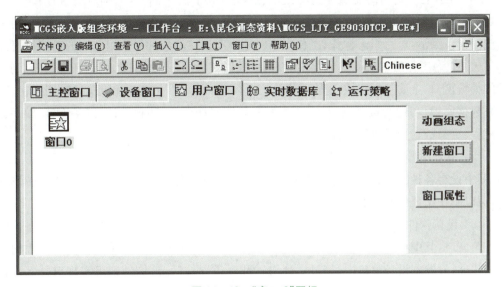

图 11-40 "窗口 0"图标

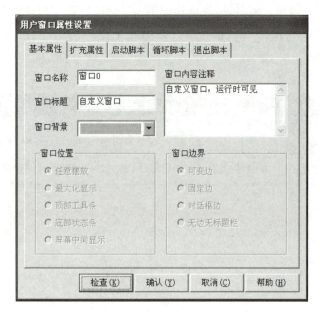

图 11-41　"用户窗口属性设置"对话框

6. MCGS 组态软件界面介绍

MCGS 组态软件界面主要有以下几个栏目。

（1）标题栏。显示"MCGS 嵌入版组态环境-工作台"标题、工程文件路径和名称。

（2）菜单栏。MCGS 嵌入版的菜单系统，单击某个菜单选项，就会出现一个下拉菜单，然后可以从下拉菜单中选择执行各种功能命令。

（3）工作台。进行组态操作和属性设置，设有五个窗口标签，分别对应主控窗口、设备窗口、用户窗口、实时数据库和运行策略五大窗口。单击选择窗口标签选项卡，即可将相应的窗口激活，进行组态操作；工作台右侧还设有创建对象和对象组态用的功能按钮。

（4）组态工作窗口。创建配置图形对象、数据对象和各种构件的工作环境，又称为对象的编辑窗口，主要包括组成工程框架的五大窗口，即：主控窗口，设备窗口，用户窗口，实时数据库窗口，运行策略窗口，完成工程命名和属性设置、动画设计、设备连接、编写控制流程、定义数据变量等组态操作。

（5）系统图形工具箱。进入用户窗口，单击工具条中的"工具箱"按钮，打开图形工具箱，其中设有各种图元、图符、组合图形及动画构件的位图图符，利用这些最基本的图形元素，可以制作出任何复杂的图形。

（6）设备构件工具箱。进入设备窗口，单击工具条中的"工具箱"按钮，打开设备构件工具箱窗口，其中设有与工控系统经常选用的测控设备相匹配的各种设备构件。选用所需的构件，放置到设备窗口中，经过属性设置和通道连接后，该构件即可实现对外部设备的驱动和控制。

（7）策略构件工具箱。进入运行策略的组态窗口，单击工具条中的"工具箱"按钮，打开策略构件工具箱，工具箱内包括所有策略功能构件。选用所需的构件，生成用户策略模块，实现对系统运行流程的有效控制。

（8）对象元件库。对象元件库是存放组态完好，并具有通用价值动画图形的图形库，便于对组态成果的重复利用。进入用户窗口的组态窗口，选择菜单栏中"工具"→"对象元件库管理"命令，或者打开系统图形工具箱，选择"插入元件"图标，可打开对象元件库管理窗口，进行存放图形的操作。

（9）工具按钮一览。工作台窗口的工具条一栏内，排列标有各种位图图标的按钮，称为工具条功能按钮，简称为工具按钮。许多按钮的功能与菜单栏中的菜单命令相同，但操作更为简便，因此在组态操作中经常使用。

7. MCGS组态工程的一般过程

（1）工程项目系统分析。分析工程项目的系统构成、技术要求和工艺流程，弄清系统的控制流程和测控对象的特征，明确监控要求和动画显示方式，分析工程中的设备采集及输出通道与软件中实时数据库变量的对应关系，分清哪些变量是要求与设备连接的，哪些变量是软件内部用来传递数据及动画显示的。

（2）工程立项搭建框架。MCGS称为建立新工程，主要内容包括：定义工程名称、封面窗口名称和启动窗口（封面窗口退出后接着显示的窗口）名称，指定存盘数据库文件的名称以及存盘数据库，设定动画刷新的周期。经过此步操作，在MCGS嵌入版组态环境中，建立了由五部分组成的工程结构框架。封面窗口和启动窗口也可等到建立了用户窗口后，再行建立。

（3）制作动画显示画面。动画制作分为静态图形设计和动态属性设置两个过程，静态图形设计类似于"画画"，用户通过MCGS嵌入版组态软件中提供的基本图形元素及动画构件库，在用户窗口内"组合"成各种复杂的画面；动态属性设置则是设置图形的动画属性，与实时数据库中定义的变量建立相关性的连接关系，作为动画图形的驱动源。

（4）编写控制流程程序。在运行策略窗口内，从策略构件箱中，选择所需功能策略构件，构成各种功能模块（称为策略块），由这些模块实现各种人机交互操作。MCGS嵌入版还为用户提供了编程用的功能构件（称之为"脚本程序"功能构件），使用简单的编程语言，编写工程控制程序。

（5）编写程序调试工程。利用调试程序产生的模拟数据，检查动画显示和控制流程是否正确。

（6）连接设备驱动程序。选定与设备相匹配的设备构件，连接设备通道，确定数据变量的数据处理方式，完成设备属性的设置。此项操作在设备窗口内进行。

（7）工程完工综合测试。最后测试工程各部分的工作情况，完成整个工程的组态工作，实施工程交接。

注意：以上步骤只是按照组态工程的一般思路列出的。在实际中，有些过程是交织在一起进行的，用户可根据工程的实际需要和自己的习惯，调整步骤的先后顺序，而并没有严格的限制与规定。这里列出以上的步骤是为了帮助用户了解 MCGS 嵌入版组态软件使用的一般过程，以便于用户快速学习和掌握 MCGS 嵌入版工控组态软件。

8. 实例讲解

图 11 - 12、图 11 - 13 中的自动生产线主站、从站程序，可为其设计一个如图 11 - 42 所示的 1：1 主从通信测试界面，能对主从通信功能进行测试。

视频

1：1 主从
通信触摸屏
界面设计

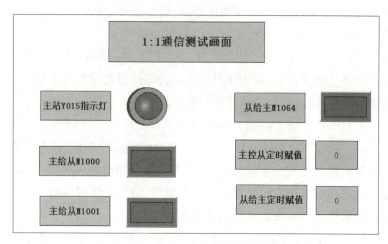

图 11 - 42　1：1 主从通信测试界面

七、变频器相关知识及应用

在自动生产线中，有许多机械运动控制，用来完成机械运动和动作。实际上，自动生产线中作为动力源的传动装置有各种电动机、气动装置和液压装置。交流异步电动机利用电磁线圈把电能转换成电磁力，再依靠电磁力做功，从而把电能转换成转子的机械运动，其结构简单，可产生较大功率，在有交流电源的地方都可以使用。在 YL - 335B 型自动生产线中，分拣单元传送带的运动控制由带减速装置的三相交流异步电动机来完成，在运行中，它不仅可以改变速率，也可以改变方向。

1. 变频器相关知识

在 YL - 335B 自动生产线分拣单元传送带的控制上，交流电动机的调速采用变频调速的方式，电动机的速度和方向控制都是由变频器完成的。变频器选用三菱 FR - E700 系列变频器中的 FR - E740 - 0.75K - CHT 型变频器，该变频器额定电压等级为三相 400 V，适用电动机容量 0.75 kW 及以下的电动机。FR - E700 系列变频器外观如图 11 - 43a 所示，变频器型号定义如图11 - 43b 所示。

FR - E700 系列变频器是 FR - E500 系列变频器的升级产品，是一种小型、高性能变频器。本书所涉及的是使用通用变频器所必需的基本知识和技能，着重于变频器的接线、常用参数的设置等方面。FR - E740 系列变频器主电路的通用接线如图 11 - 44 所示。

(a) FR-E700系列变频器外观

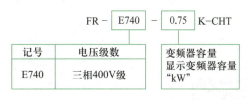

(b) 变频器型号定义

图 11-43　FR-E700 系列变频器

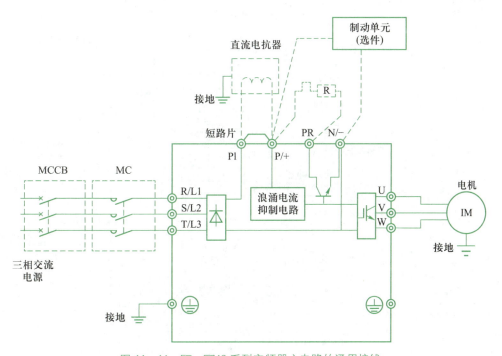

图 11-44　FR-E740 系列变频器主电路的通用接线

图中有关说明如下。

（1）P1 与 P/+之间用以连接直流电抗器，无需连接时，两端子间短接。

（2）P/+与 PR 之间用以连接制动电阻器，P/+与 N/-之间用以连接制动单元（选件）。YL-335B 型自动生产线设备均未使用，故用虚线画出。

（3）交流接触器 MC 用作变频器安全保护的目的，注意不要通过此交流接触器来启动或停止变频器，否则可能降低变频器寿命。

（4）进行主电路接线时，应确保输入、输出端不接错，即电源线必须连接 R/L1、

S/L2、T/L3,绝对不能接 U、V、W,否则会损坏变频器。

　　FR-E740 系列变频器控制电路接线图如图 11-45 所示。图中控制电路端子分为控制输入信号、频率设定信号(模拟量输入)、继电器输出(异常输出)、集电极开路输出(状态检测)和模拟电压输出等 5 部分区域,各端子的功能可通过调整相关参数的值进行变更,在出厂初始值的情况下,各控制电路端子的功能说明见表 11-8、表11-9 和表 11-10。

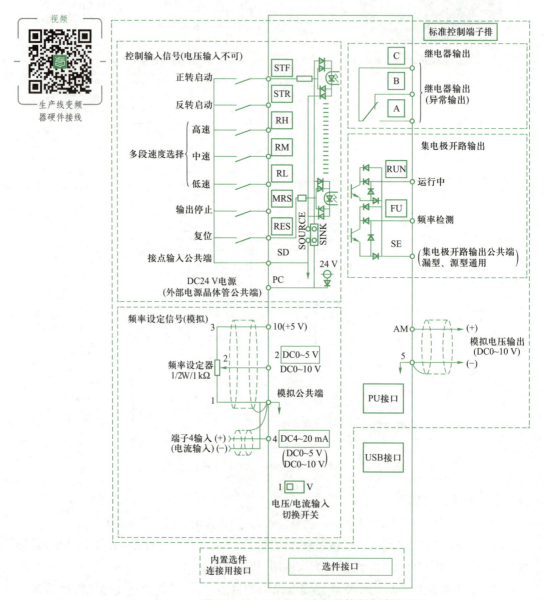

图 11-45　FR-E740 变频器控制电路接线图

表 11‑8　控制电路输入端子的功能说明

种类	端子编号	端子名称	端子功能说明	
接点输入	STF	正转启动	STF 信号为 ON 时正转，为 OFF 时停	STF、STR 信号同时为 ON 时变成停止指令
	STR	反转启动	STR 信号为 ON 时反转，OFF 时为停	
	RH、RM RL	多段速度选择	用 RH、RM 和 RL 信号的组合可以选择多段速度	
	MRS	输出停止	MRS 信号为 ON(20 ms 或以上)时，变频器输出停止。用电磁制动器停止电机时，用于断开变频器的输出	
	RES	复位	用于解除保护电路动作时的报警输出。请使 RES 信号处于 ON 状态 0.1 s 或以上，然后断开。 初始设定为始终可进行复位。但进行了 Pr.75 的设定后，仅在变频器报警发生时可进行复位。复位时间约为 1 s	
	SD	接点输入公共端（漏型）(初始设定)	接点输入端子(漏型逻辑)的公共端子	
		外部晶体管公共端（源型）	源型逻辑时，当连接晶体管输出(即集电极开路输出)PLC 时，将晶体管输出用的外部电源公共端接到该端子时，可以防止因漏电引起的误动作	
		DC24V 电源公共端	DC24V/0.1 A 电源(端子 PC)的公共输出端子。与端子 5 及端子 SE 绝缘	
	PC	外部晶体管公共端（漏型）(初始设定)	漏型逻辑时，当连接晶体管输出(即集电极开路输出)PLC 时，将晶体管输出用的外部电源公共端接到该端子时，可以防止因漏电引起的误动作	
		接点输入公共端（源型）	接点输入端子(源型逻辑)的公共端子	
		DC24V 电源	可作为 DC24V/0.1 A 的电源使用	
频率设定	10	频率设定用电源	作为外接频率设定(速度设定)用电位器时的电源使用	
	2	频率设定（电压）	如果输入 DC0～5 V(或 0～10 V)，在 5 V(10 V)时为最大输出频率，输入输出成正比。通过 Pr.73 进行 DC0～5 V(初始设定)和 DC0～10 V 输入的切换操作	
	4	频率设定（电流）	若输入 DC4～20 mA(或 0～5 V，0～10 V)，在 20mA 时为最大输出频率，输入输出成正比。只有 AU 信号为 ON 时端子 4 的输入信号才会有效(端子 2 的输入将无效)。通过 Pr.267 进行 DC4～20 mA(初始设定)和 DC0～5 V、DC0～10 V 输入的切换操作。电压输入(0～5 V 或 0～10 V)时，请将电压/电流输入切换开关切换至"V"	
	5	频率设定公共端	频率设定信号(端子 2 或 4)及端子 AM 的公共端子。请勿接大地	

表 11 - 9　控制电路接点输出端子的功能说明

种类	端子记号	端子名称	端 子 功 能 说 明	
继电器	A、B、C	继电器输出（异常输出）	指示变频器因保护功能动作时输出停止的 1c 接点输出。异常时：B-C 间不导通（A-C 间导通），正常时：B-C 间导通（A-C 间不导通）	
集电极开路	RUN	变频器正在运行	变频器输出频率大于或等于启动频率（初始值 0.5 Hz）时为低电平，已停止或正在直流制动时为高电平	
	FU	频率检测	输出频率大于或等于任意设定的检测频率时为低电平，未达到时为高电平	
	SE	集电极开路输出公共端	端子 RUN、FU 的公共端子	
模拟	AM	模拟电压输出	可以从多种监示项目中选一种作为输出。变频器复位中不被输出。输出信号与监示项目的大小成比例	输出项目：输出频率（初始设定）

表 11 - 10　控制电路网络接口的功能说明

种　类	端子记号	端子名称	端 子 功 能 说 明
RS-485		PU 接口	通过 PU 接口，可进行 RS-485 通信。 • 标准规格：EIA-485（RS-485） • 传输方式：多站点通信 • 通信速率：4 800～38 400 bit/s • 总长距离：500 m
USB		USB 接口	与个人计算机通过 USB 连接后，可以实现 FR Configurator 的操作。 • 接口：USB1.1 标准 • 传输速度：12 Mbit/s • 连接器：USB 迷你-B 连接器（插座：迷你-B 型）

2. 变频器操作面板认识

使用变频器之前，首先要熟悉它的面板显示和键盘操作单元（或称控制单元），并且按使用现场的要求合理设置参数。FR-E700 系列变频器的参数设置，通常利用固定在其上的操作面板（不能拆下）实现，也可以使用连接到变频器 PU 接口的参数单元（FR-PU07）实现。使用操作面板可以进行运行方式、频率的设定，运行指令监视，参数设定，以及错误表示等。FR-E700 变频器的操作面板如图 11-46 所示，其上半部为面板显示器，下半部为 M 旋钮和各种按键。旋钮和按键的功能与运行状态显示分别见表 11-11 和表 11-12。

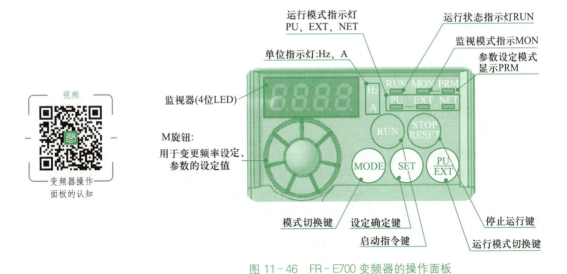

视频

变频器操作
面板的认知

图 11-46 FR-E700 变频器的操作面板

表 11-11 旋钮和按键的功能

旋钮和按键	功　　能
M 旋钮 （三菱变频器旋钮）	旋动该旋钮用于变更频率设定、参数的设定值。按下该旋钮可显示以下内容。 • 监视模式时的设定频率 • 校正时的当前设定值 • 报警历史模式时的顺序
模式切换键 MODE	用于切换各设定模式。和运行模式切换键同时按下也可以用来切换运行模式。长按此按键(2 s)可以锁定操作
设定确定键 SET	各设定的确定。 此外,当运行中按下此按键,则监视器出现以下显示: 运行频率 → 输出电流 → 输出电压
运行模式切换键 PU/EXT	用于切换 PU/外部运行模式。 使用外部运行模式(通过另接的频率设定电位器和启动信号启动运行)时请按下此按键,使表示运行模式的 EXT 处于亮灯状态。 切换至组合模式时,可同时按下 MODE 键 0.5 s,或者变更参数 Pr.79
启动指令键 RUN	在 PU 模式下,按下此按键启动运行。 通过 Pr.40 的设定,可以选择旋转方向
停止运行键 STOP/RESET	在 PU 模式下,按下此按键停止运转。 保护功能(严重故障)生效时,也可以进行报警复位

表 11 - 12　旋钮和按键的运行状态显示

旋钮和按键	功　　能
运行模式显示	PU：PU 运行模式时亮灯。 EXT：外部运行模式时亮灯。 NET：网络运行模式时亮灯
监视器(4 位 LED)	显示频率、参数编号等
监视数据单位显示	Hz：显示频率时亮灯。 A：显示电流时亮灯。 　显示电压时熄灯，显示设定频率监视时闪烁
运行状态显示 RUN	当变频器动作中亮灯或者闪烁，其中： 亮灯——正转运行中； 缓慢闪烁(1.4 s 循环)——反转运行中。 下列情况下出现快速闪烁(0.2 s 循环)： • 按键或输入启动指令都无法运行时； • 有启动指令，但频率指令在启动频率以下时； • 输入了 MRS 信号时
参数设定模式显示 PRM	参数设定模式时亮灯
监视器显示 MON	监视模式时亮灯

3. 变频器的运行模式

由表 11 - 11 和表 11 - 12 可见，在变频器不同的运行模式下，各种按键、M 旋钮的功能各异。所谓运行模式是指对输入到变频器的启动指令和设定频率的命令来源的指定。

一般来说，使用控制电路端子、在外部设置电位器和开关来进行操作的是"外部运行模式"，使用操作面板或参数单元输入启动指令、设定频率的是"PU 运行模式"，通过 PU 接口进行 RS - 485 通信或使用通信选件的是"网络运行模式(NET 运行模式)"。在进行变频器操作以前，必须了解其各种运行模式，才能进行各项操作。

FR - E700 系列变频器通过参数 Pr.79 的值来指定变频器的运行模式，设定值范围为 0,1,2,3,4,6,7,这 7 种运行模式的内容和相关 LED 指示灯状态见表 11 - 13。

表 11 - 13　7 种运行模式的内容和相关 LED 指示灯状态(Pr.79)

设定值	内　　容	LED 指示灯状态(███：灭灯 ▭▭▭：亮灯)
0	外部 /PU 切换模式，通过 PU/EXT 键可切换 PU 与外部运行模式。 注意：接通电源时为外部运行模式	▭▭ EXT ███ ▭▭ PU ▭▭ 外部运行模式　　PU 运行模式
1	固定为 PU 运行模式	▭▭ PU ▭▭ ███

续　表

设定值	内　　　容		LED指示灯状态（■：灭灯　□：亮灯）
2	固定为外部运行模式。 可以在外部、网络运行模式间切换运行		外部运行模式　　网络运行模式
3	外部/PU组合运行模式1		
	频率指令	启动指令	
	用操作面板设定或用参数单元设定，或外部信号输入(多段速设定，端子4、5间，AU信号ON时有效)	外部信号输入(端子STF、STR)	
4	外部/PU组合运行模式2		
	频率指令	启动指令	
	外部信号输入(端子2、4、JOG、多段速选择等)	通过操作面板的RUN键、或通过参数单元的FWD、REV键来输入	
6	切换模式。 可以在保持运行状态的同时，进行PU运行、外部运行、网络运行的切换		PU运行模式 外部运行模式 网络运行模式
7	外部运行模式(PU运行互锁)，X12信号ON时，可切换到PU运行模式，外部运行中输出停止；X12信号OFF时，禁止切换到PU运行模式		PU运行模式 外部运行模式

变频器出厂时，参数Pr.79设定值为0。当停止运行时，用户可以根据实际需要修改其设定值。修改Pr.79设定值的一种方法是：按MODE键使变频器进入参数设定模式；旋动M旋钮，选择参数Pr.79，用SET键确定；然后再旋动M旋钮选择合适的设定值，用SET键确定；按两次MODE键后，变频器的运行模式将变更为设定的模式。

图11-47是设定参数Pr.79变更变频器运行模式的一个示例。该例子把变频器从固定外部运行模式变更为外部/PU组合运行模式1。

4. 变频器的参数设置

变频器参数的出厂设定值被设置为完成简单的变速运行。如需按照负载和操作

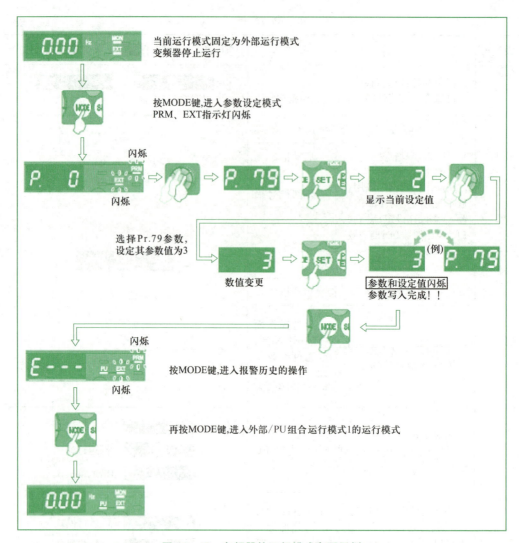

当前运行模式固定为外部运行模式
变频器停止运行

按MODE键,进入参数设定模式
PRM、EXT指示灯闪烁

闪烁

闪烁

显示当前设定值

选择Pr.79参数,
设定其参数值为3

数值变更

(例)

参数和设定值闪烁
参数写入完成!!

闪烁

闪烁

按MODE键,进入报警历史的操作

再按MODE键,进入外部/PU组合运行模式1的运行模式

图11-47 变频器的运行模式变更示例

要求设定参数,则应进入参数设定模式,先选定参数号,然后设置其参数值。设定参数分两种情况:一种是停机 STOP 模式下重新设定参数,这时可设定所有参数;另一种是在运行模式下设定,这时只允许设定部分参数,但是可以核对所有参数号及参数。图 11-48 是参数设定过程的一个示例,所完成的操作是把参数 Pr.1(上限频率)从出厂设定值 120.0 Hz 变更为 50.0 Hz,假定当前运行模式为外部/PU 切换模式(Pr.79=0)。

实际上,在任一运行模式下,按 MODE 键,都可以进入参数设定,但只能设定部分参数。

FR-E700 变频器有几百个参数,实际使用时,只需根据使用现场的要求设定部分参数,其余按出厂设定即可。一些常用参数的设定,则是应该熟练掌握的。

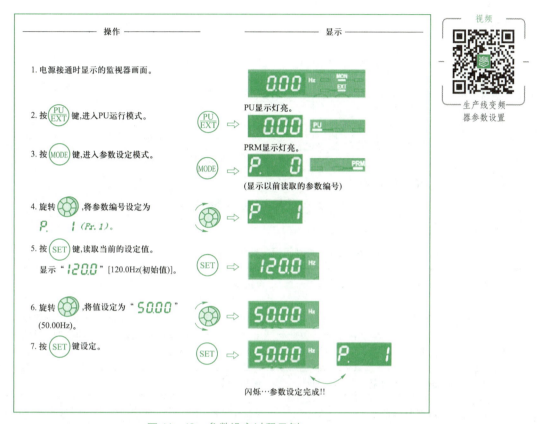

视频

生产线变频器参数设置

图 11-48　参数设定过程示例

下面根据分拣单元工艺过程对变频器的要求,介绍一些常用参数的设定。包括变频器的运行环境;驱动电动机的规格、运行的限制;参数的初始化;电动机的启动、运行和调速、制动等命令的来源,频率的设置等方面。关于参数设定更详细的说明请参阅 FR-E700 使用手册。

(1) 输出频率的限制(Pr.1、Pr.2、Pr.18)

为了限制电动机的速度,应对变频器的输出频率加以限制。用 Pr.1"上限频率"和 Pr.2"下限频率"来设定,可将输出频率的上、下限钳位。

当在 120 Hz 以上频率运行时,用参数 Pr.18"高速上限频率"设定高速输出频率的上限。Pr.1 与 Pr.2 出厂设定范围为 0~120 Hz,出厂设定值分别为 120 Hz 和 0 Hz。Pr.18 出厂设定范围为 120~400 Hz。输出频率和设定值的关系如图 11-49 所示。

(2) 加减速时间(Pr.7、Pr.8、Pr.20、Pr.21)

加减速时间相关参数的意义及设定范围见表 11-14。

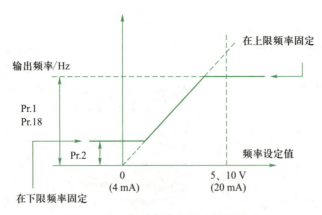

图 11-49　输出频率与设定值的关系

表 11-14　加减速时间相关参数的意义及设定范围

参数号	参数意义	出厂设定	设定范围	备　　注
Pr.7	加速时间	5 s	0～3 600/360 s	根据 Pr.21 加减速时间单位的设定值进行设定。初始值的设定范围为 0～3 600 s，设定单位为 0.1 s
Pr.8	减速时间	5 s	0～3 600/360 s	
Pr.20	加/减速基准频率	50 Hz	1～400 Hz	
Pr.21	加/减速时间单位	0	0/1	0：0～3 600 s，单位：0.1 s 1：0～360 s，单位：0.01 s

设定说明如下。

① 用 Pr.20 为加/减速的基准频率，在我国就选为 50 Hz。

② Pr.7 加速时间用于设定从停止到 Pr.20 加减速基准频率的加速时间。

③ Pr.8 减速时间用于设定从 Pr.20 加减速基准频率到停止的减速时间。

（3）多段速运行模式的操作

变频器在外部运行模式或外部/PU组合运行模式2下，可以通过外接的开关器件的组合通断改变输入端子的状态来实现调速。这种控制频率的方式称为多段速控制功能。

FR-E740变频器的速度控制端子是 RH、RM 和 RL。通过这些开关的组合可以实现3段、7段的控制。

转速的切换：由于转速的挡位是按二进制的顺序排列的，故三个输入端可以组合成3挡至7挡（0状态不计）转速。其中，3段速由 RH、RM、RL 单个通断来实现，7段速由 RH、RM、RL 通断的组合来实现。

7段速的各自运行频率则由参数 Pr.4～Pr.6 设置前3段速的频率、Pr.24～Pr.27 设置第4段速至第7段速的频率。对应的控制端状态及参数关系如图 11-50 所示。

参数号	出厂设定	设定范围	备注
4	50 Hz	0~400 Hz	
5	30 Hz	0~400 Hz	
6	10 Hz	0~400 Hz	
24~27	9999	0~400 Hz,9999	9999:未选择

1速:RH单独接通,Pr.4设定频率

2速:RM单独接通,Pr.5设定频率

3速:RL单独接通,Pr.6设定频率

4速:RM、RL同时通,Pr.24设定频率

5速:RH、RL同时通,Pr.25设定频率

6速:RH、RM同时通,Pr.26设定频率

7速:RH、RM、RL全通,Pr.27设定频率

图 11-50　多段速控制对应的控制端状态及参数关系

多段速度设定在 PU 运行和外部运行模式中都可以设定。运行期间参数值也能被改变。在 3 速设定的场合,2 速以上同时被选择时,低速信号的设定频率优先。

视频

多段速度选择变频器调速

最后指出,如果把参数 Pr.183 设置为 8,将 RMS 端子的功能转换成多速段控制端 REX,就可以用 RH、RM、RL 和 REX 通断的组合来实现 15 段速。详细的说明请参阅 FR-E700 使用手册。

(4) 通过模拟量输入(端子 2、4)设定频率

分拣单元变频器的频率设定,除了用 PLC 输出端子控制多段速度设定外,也有连续设定频率的需求。例如,在变频器安装和接线完成进行运行试验时,常用调速电位器连接到变频器的模拟量输入信号端,进行连续调速试验。此外,在触摸屏上指定变频器的频率,则此频率也应该是连续可调的。需要注意的是,如果要用模拟量输入(端子 2、4)设定频率,则 RH、RM、RL 端子应断开,否则多段速度设定优先。

① 模拟量输入信号端子的选择

FR-E700 系列变频器提供 2 个模拟量输入信号端子(端子 2、4)用作连续变化的频率设定。在出厂设定情况下,只能使用端子 2,端子 4 无效。

要使端子 4 有效,需要在各接点输入端子 STF,STR,…,RES 之中选择一个,将其功能定义为 AU 信号输入,则当这个端子与 SD 端短接时,AU 信号为 ON,端子 4 变为有效,端子 2 变为无效。

例如,选择 RES 端子用作 AU 信号输入,则设置参数 Pr.184="4",在 RES 端子与 SD 端之间连接一个开关,当此开关断开时,AU 信号为 OFF,端子 2 有效;反之,当此开关

接通时,AU 信号为 ON,端子 4 有效。

② 模拟量信号的输入规格

如果使用端子 2,模拟量信号可为 0～5 V 或 0～10 V 的电压信号,用参数 Pr.73 指定,其出厂设定值为 1,指定为 0～5 V 的输入规格,并且不能可逆运行。参数 Pr.73 参数的取值范围为 0,1,10,11,具体内容见表 11 - 15。

表 11 - 15　模拟量输入选择(Pr.73)

参数编号	名　　称	初始值	设定范围	内　　　容	
73	端子 2 输入选择	1	0	端子 2 输入 0～10 V	无可逆运行
			1	端子 2 输入 0～5 V	
			10	端子 2 输入 0～10 V	有可逆运行
			11	端子 2 输入 0～5 V	

如果使用的端子 4,模拟量信号可为电压输入(0～5 V、0～10 V)或电流输入(4～20 mA 初始值),用参数 Pr.267 和电压 /电流输入切换开关设定,并且要输入与设定相符的模拟量信号。Pr.267 取值范围为 0,1,2,具体内容见表 11 - 16。

表 11 - 16　模拟量输入选择(Pr.267)

参数编号	名　　称	初始值	设定范围	内　　　容	电压/电流输入切换开关
267	端子 4 输入选择	0	0	端子 4 输入 4～20 mA	I ▣ V
			1	端子 4 输入 0～5 V	I ▣ V
			2	端子 4 输入 0～10 V	

注:① 电压输入时,输入电阻为 10 kΩ±1 kΩ,最大容许电压为 DC20V。
② 电流输入时,输入电阻为 233 Ω±5 Ω,最大容许电流为 30 mA。

必须注意的是,若发生切换开关与输入信号不匹配的错误(例如,开关设定为电流输入,但端子输入却为电压信号或反之)时,会导致外部输入设备或变频器故障。

对于频率设定信号(DC0～5 V、0～10 V 或 4～20 mA)的相应输出频率的大小可用参数 Pr.125(对端子 2)或 Pr.126(对端子 4)设定,用于确定输入增益(最大)的频率。它们的出厂设定值均为 50 Hz,设定范围为 0～400 Hz。

(5) 参数清除

如果用户在参数调试过程中遇到问题,并且希望重新开始调试,可用参数清除操作方法实现,即在 PU 运行模式下,设定 Pr.CL 参数清除、ALLC 参数全部清除,均为"1",可使参数恢复为初始值。(但如果设定 Pr.77 参数写入选择="1",则无法清除。)

参数清除操作,需要在参数设定模式下,用 M 旋钮选择参数编号为 Pr.CL 和 ALLC,把它们的值均置为 1,操作步骤如图 11 - 51 所示。

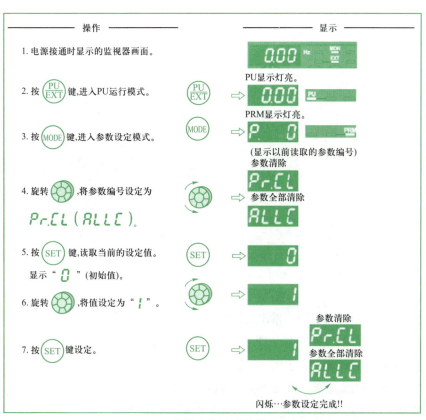

图 11-51 参数全部清除的操作示意图

视频

变频器外部
端子点动控
制

5. 实例讲解

控制要求：了解变频器外部控制端子的功能,掌握外部运行模式下变频器的操作方法。变频器参数功能见表 11-17。

表 11-17 外部端子点动控制变频器参数功能表

序号	变频器参数	出厂值	设定值	功 能 说 明
1	P1	120	50	上限频率(50 Hz)
2	P2	0	0	下限频率(0 Hz)
3	P9	0	0.35	电子过电流保护(0.35 A)
4	P160	9999	0	扩张功能显示选择
5	P79	0	4	操作模式选择
6	P15	5	20.00	点动频率(20 Hz)
7	P16	0.5	0.5	点动加减速时间(0.5 s)
8	P180	0	5	设定 RL 为点动运行选择信号

变频器外部端子接线图如图 11 - 52 所示。

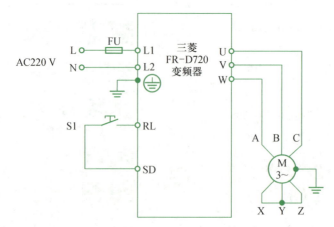

图 11 - 52　变频器外部端子接线图

操作步骤如下。

① 按照变频器外部端子接线图完成变频器的接线,认真检查,确保正确无误。

② 打开电源开关,按照参数功能表正确设置变频器参数。

③ 按下操作面板"RUN"按钮,启动变频器。

④ 按下"S1"按钮,观察并记录电机的运转情况。

⑤ 改变 P15、P16 的值,重复④和⑤,观察电机运转情况有什么变化。

八、伺服电机相关知识及应用

1. 伺服电机简介

伺服电机是指在伺服系统中控制机械元件运转的发动机,是一种可以高精度准确控制速度、位置的电动机,可以将输入的电压信号转换成角位移或角速度输出,以驱动控制对象,具有机电时间常数小、线性度高等特性,改变输入电压信号的大小或极性(相位),可以改变伺服电机的转速及转向。伺服电机又分为直流和交流伺服电机两大类。

直流伺服电机结构和原理与普通直流电动机的结构和原理没有根本区别。按照励磁方式的不同,直流伺服电机分为永磁式直流伺服电机和电磁式直流伺服电机。按照转子结构的不同,直流伺服电机分为空心杯形转子直流伺服电机和无槽电枢直流伺服电机。

交流伺服电机(通常指两相交流伺服电机)输出功率较小,一般只有几十瓦。伺服电机在自动控制系统中作为执行元件。输入的电压信号又称控制信号或控制电压,当控制电压的相位改变 180°时,交流伺服电机的转子就会反转,当改变控制电压大小时,伺服电机随之改变转速。

2. 交流伺服电机的工作原理

交流伺服电机的工作原理与单相异步电动机相似，它有两个绕组，分别是励磁绕组和控制绕组，当只有励磁绕组接入电源时，控制绕组的控制电压为零，电机中的磁场为脉振磁场，电机无起动转矩，转子不能转动。将控制绕组也接入电源，加上控制电压时，则建立了旋转磁场，电机这时有了起动转矩，转子转动，一旦控制电压消失，对于普通的单相异步电动机来说，它还会继续转动，对于伺服电机，这种不可控的现象称为"自转"，不符合伺服电机控制电压消失应立即停转的要求。伺服电机通常在结构上采取大的转子电阻和小的转动惯量来克服"自转"现象，使转子能迅速停转。

3. 交流伺服电机的控制方法

伺服电机不仅要有启动、停止迅速的伺服特性，而且还能控制其转速的大小和方向。通常，在交流伺服电机运行时，保持励磁绕组所接电压的大小和相位不变，而只改变控制绕组所加电压的大小和相位，以实现对交流伺服电机的转速与转向的控制。其主要有幅值控制、相位控制、幅-相控制三种控制方法。幅值控制是指控制绕组电压和励磁绕组电压之间的相位差保持不变，改变加在控制绕组上电压幅值的大小来控制伺服电机；相位控制是指保持控制电压的幅值不变，仅改变其相位来控制伺服电机；而幅-相控制是指同时改变控制电压的幅值和相位来控制伺服电机。在三种控制方法中，幅-相控制方法因为所需的设备最简单，成本低，是伺服电机控制中最常用的一种控制方法。

由伺服电机组成的伺服系统在自动控制系统、自动检测系统和计算装置中主要作为执行元件，是一个位置反馈系统，如图 11‒53 所示。通过位置指令将希望的位移量转换成给定的电信号，利用位置反馈随时监测出被控对象，即负载的实际位置，并将其转换成电信号，与给定的电信号进行比较，将偏差信号送到保证系统稳定的位置调节设备中，经功率放大后控制伺服电机旋转，消除偏差直至达到一定的准确度为止，伺服系统常见的应用如工业上发电厂闸门的开启和轧钢机中轧辊间隙的自动控制，军事上火炮和雷达的定位等。

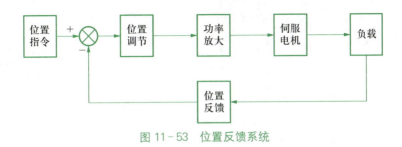

图 11‒53　位置反馈系统

4. 松下 A4 系列伺服电机、伺服驱动器的接线、设置和实例讲解

以自动生产线上的输送单元为例，通过松下 A4 系列伺服电机及伺服驱动器进行机械手的速度、位置控制。

（1）松下 A4 系列伺服电机、伺服驱动器的接线

松下 A4 系列伺服驱动器有 7 个接口 CN X1 至 CN X7。CN X1 为电源输入接口，需要将单相电源接入 L1、L3 端口，并将 L1 与 L1C 短接，L3 与 L2C 短接；CN X2 为电机接口，需将 RB1 与 RB2 短接，然后将 U、V、W 与伺服电机的红、白、黑电源线连接，由于有相序的要求，不允许接错；CN X3、CN X4 用于通信，可以不做连接；CN X5 为 I/O 接口，OPC1 连接 PLC 的输出 Y0，接收脉冲控制信号，OPC2 连接 PLC 的输出 Y1，接收方向控制信号，SRV_ON 为伺服使能控制端口，直接接地，表示时刻工作在伺服状态，CCWL 连接右限位动断开关，设置右行程终点位置，CWL 连接左限位动断开关，设置左行程终点位置，ALM＋连接 PLC 的输入点，可以将伺服系统故障信息报告给 PLC，COM −端口接公共端 0V，COM＋端口接＋24 V；CN X6 接口接收伺服电机的位置、速度等反馈信息，直接将伺服电机的反馈信号接头插入此接口即可；CN X7 为外置的光栅传感器接口。伺服驱动器外观、面板及接线图如图11‐54所示。

（2）松下 A4 系列伺服驱动器的设置

伺服驱动器常用设置操作包括界面设置、参数设置初始化、模式切换、参数设定和参数写入等。

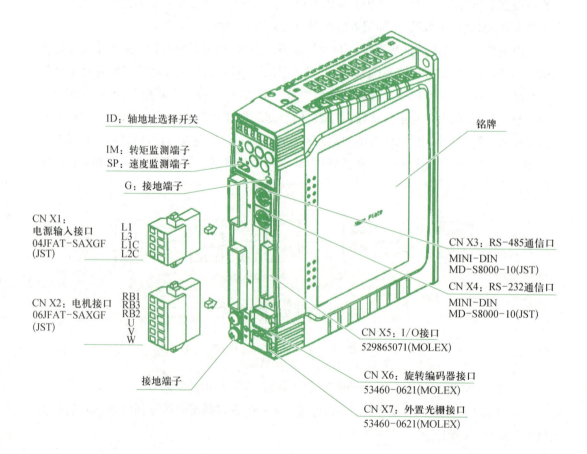

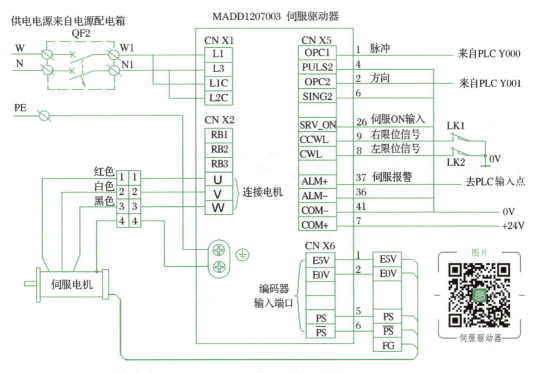

图 11-54 伺服驱动器外观、面板及接线图

伺服驱动器界面设置图如图 11-55 所示。

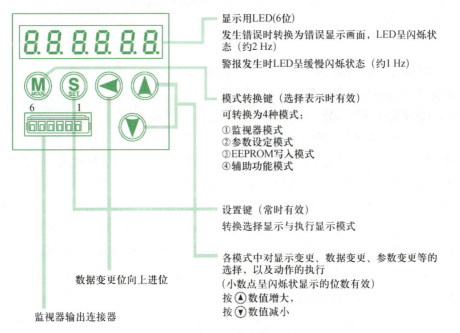

显示用LED(6位)
发生错误时转换为错误显示画面，LED呈闪烁状态（约2 Hz）
警报发生时LED呈缓慢闪烁状态（约1 Hz）

模式转换键（选择表示时有效）
可转换为4种模式：
①监视器模式
②参数设定模式
③EEPROM写入模式
④辅助功能模式

设置键（常时有效）
转换选择显示与执行显示模式

各模式中对显示变更、数据变更、参数变更等的选择，以及动作的执行
（小数点呈闪烁状显示的位数有效）
按 ▲ 数值增大，
按 ▼ 数值减小

数据变更位向上进位

监视器输出连接器

图 11-55 伺服驱动器界面设置图

伺服驱动器参数设置初始化操作图如图11-56所示。

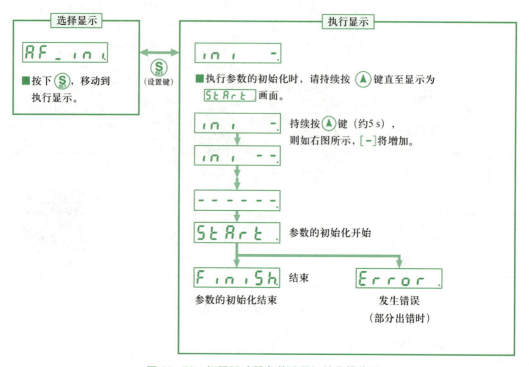

图11-56　伺服驱动器参数设置初始化操作图

伺服驱动器模式切换操作如图11-57所示。

伺服驱动器参数设定操作如图11-58所示。

伺服驱动器参数写入操作如图11-59所示。

(3) 松下A4系列伺服电机实例讲解

控制要求：通过绝对值定位以及回零指令熟悉伺服电机的工作过程,通过切换开关来改变绝对定位的不同位置,注意同一时间只能执行一个动作。

分析：绝对位置控制指令DRV是以绝对驱动方式执行单速位置控制的指令,要选择晶体管输出型的PLC。[S1·]为目标位置(绝对指定),[S2·]为输出脉冲频率,[D1·]为脉冲输出起始地址,[D2·]为旋转方向信号输出起始地址。图11-60中第一条指令表示PLC要发出脉冲的总数是在D500中,以30 000 Hz的频率发出,通过PLC的Y0端口发出脉冲,以Y2端口的状态来控制脉冲方向；第二条指令表示,PLC要发出脉冲的总数是2 200,以5 000 Hz的频率来发出,通过PLC的Y0端口发出脉冲,以Y2端口的状态来控制脉冲方向。

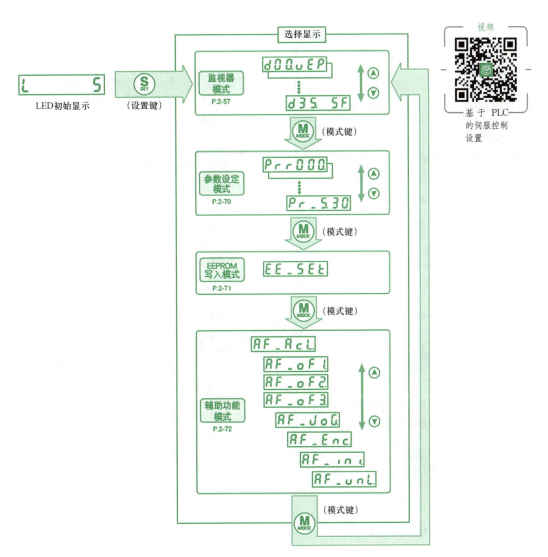

图 11-57　伺服驱动器模式切换操作图

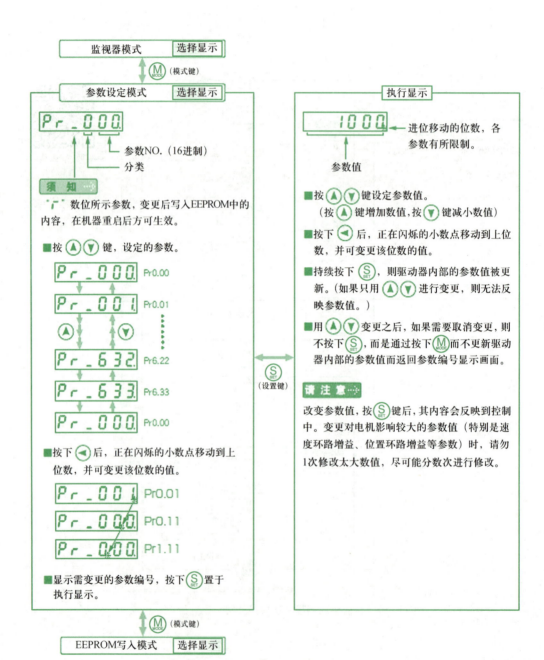

图 11-58 伺服驱动器参数设定操作图

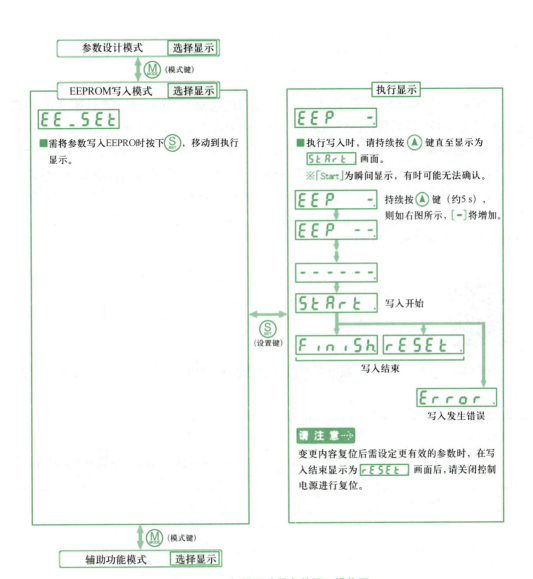

图 11-59 伺服驱动器参数写入操作图

FNC158 DDRVA	[S1·]	[S2·]	[D1·]	[D2·]
	D500	K30000	Y000	Y002

FNC158 DDRVA	[S1·]	[S2·]	[D1·]	[D2·]
	K2200	K5000	Y000	Y002

图 11-60 绝对位置控制指令示例

回零指令 ZRN。[S1·]指定原点回归开始时的速度。[S2·]指定爬行速度,即指定近点信号变为 ON 后的低速部分的速度。[S3·]为近点信号,指定近点信号输入。当指定输入继电器(X)以外的元件时,由于会受到 PLC 扫描周期的影响,原点位置的偏移会加大。[D·]为脉冲输出起始地址,仅限于指定 Y0 或 Y1。PLC 的输出必须采用晶体管输出方式。图 11-61 中指令表示远点回归开始的脉冲频率,即速度为 K20000,当检测到 X0 的上升沿后,即检测到近点信号,脉冲输出频率降为 K1000,当检测到 X0 下降沿后,脉冲输出停止,脉冲输出端为 Y0。

视频

基于 PLC 的伺服控制指令

FNC156 DZRN	[S1·]	[S2·]	[S3·]	[D2·]
	K20000	K1000	X000	Y000

图 11-61 回零指令示例

松下伺服电机参数设置见表 11-18。

表 11-18 松下伺服电机参数设置

序号	参数	设置值	功 能 和 含 义
1	Pr0.00	1	正向指令时,电机旋转方向从轴侧看为逆时针方向
2	Pr0.01	0	第1模式,位置
3	Pr0.02	1	实时自动调整,标准模式
4	Pr0.03	13	实时自动调整,刚性设定
5	Pr0.05	0	惯量比,负载惯量/转动惯量
6	Pr0.06	0	指令脉冲输入选择光电耦合输入
7	Pr0.07	3	指令脉冲极性设置
8	Pr0.08	6 000	指令脉冲输入模式设置
9	Pr0.09	0	电机每旋转一次的指令脉冲数
10	Pr0.10	10 000	第1指令,分倍频分子
11	Pr0.11	2 500	指令分倍频分母

PLC实现自动生产线输送单元控制I/O分配及端子接线表见表11‐19。

表11‐19　PLC实现自动生产线输送单元控制I/O分配及端子接线表

类别	元件(端子号)	I/O点编号	备注
输入	I2	X0	原点传感器检测
	I3	X1	右限位行程开关
	I4	X2	左限位行程开关
	I5	X3	提升下限检测
	I6	X4	提升上限检测
	I7	X5	摆缸左限到位
	I8	X7	摆缸右限到位
	I9	X10	机械手伸出到位
	I10	X11	机械手缩回到位
	I11	X12	机械手夹紧
	SB2	X24	停止按钮
	SB1	X25	启动按钮
	QS	X26	急停按钮
	S1	X27	单机/全线
输出	o2	Y0	脉冲
	o3	Y2	方向
	o5	Y3	提升电磁阀
	o6	Y4	左旋电磁阀
	o7	Y5	右旋电磁阀
	o8	Y6	伸出电磁阀
	o9	Y7	夹紧电磁阀
	o10	Y10	放松电磁阀
	HL1	Y15	黄灯
	HL2	Y16	绿灯

PLC伺服控制梯形图

注：自动生产线输送单元原设备为FX1N‐40MT,可替换为FX3U系列。

根据以上分析即可编写控制程序。

九、PLC 控制系统的设计

前面学习了 PLC 的指令系统和程序设计的方法,就可以结合实际应用进行 PLC 控制系统的设计。PLC 控制系统包括电气控制线路(硬件部分)和控制系统的程序(软件部分),所以 PLC 控制系统设计应包括硬件设计和软件设计两个方面。下面介绍 PLC 控制系统设计的原则、主要内容和主要步骤。

1. PLC 控制系统硬件设计的原则

(1)最大限度地满足被控对象的工艺要求。任何一种电气控制系统都是为了实现被控对象(生产设备或生产过程)的控制要求和工艺需要,从而提高产品质量和生产效率,这是进行 PLC 系统设计最基本的要求。

(2)经济实用。在满足生产工艺控制的前提下,要充分考虑其经济性,提高性价比,降低成本。成本应考虑设备和器件成本,同时还要考虑设计、运行和维护过程中的成本。

(3)保证控制系统的安全可靠。安全可靠就是要在控制设备运行过程中使其故障率降为最小,这也是 PLC 在工业自动控制中的优势所在。

(4)具有先进性及可扩展性。在满足经济性和可靠性的前提下。考虑到生产的发展和工艺的改进,在选择 PLC 的型号、I/O 点数、存储器容量等内容时,应留有适当的余量,以利于系统的调整和扩充。

2. PLC 控制系统软件设计的原则

(1)程序结构简明,逻辑关系清晰。所设计的程序要注意层次结构,尽可能清晰,采用标准化模块设计,并加注释。由于 PLC 触点可以使用无数次,因此,在编程时不必考虑节约触点,而主要精力应放在逻辑功能的实现上,使编出的程序一目了然,简单可读。

(2)程序实现要动作可靠,能经得起实际工作的检验。可靠性除硬件的可靠保证外,还要求程序运行可靠。编程要考虑故障诊断程序的编写及互锁、联锁保护等措施。

(3)程序简短、少占内存、扫描周期短。这样既可以提高 PLC 对输入的响应速度,也可以提高 PLC 系统的控制精度。

3. PLC 控制系统设计的主要内容

在进行设计时,尽管有着不同的被控对象和设计任务,设计内容可能涉及诸多方面,又需要和大量的现场输入、输出设备相连接,但是基本内容应包括以下几个方面。

(1)明确设计任务和技术条件。拟定控制系统设计的技术条件,技术条件一般以设计任务书的形式来确定,它是整个设计的依据。

(2)确定用户输入设备和输出设备。选择信息收集输入器件、电气传动形式和电动机、电磁阀等执行机构。

(3)选择 PLC 的机型与配置。PLC 是整个控制系统的核心部件,正确、合理地选择机型对于保证整个系统的技术经济性能指标起着重要的作用。PLC 的选型应包括机型的选择、存储器容量的选择、I/O 模板选择等。

（4）分配 I/O 通道，绘制 I/O 接线图。通过对用户输入、输出设备的分析、分类和整理，进行相应的 I/O 通道分配，并据此绘制 I/O 接线图。至此，基本完成了 PLC 控制系统的硬件设计。

（5）设计控制程序。根据控制任务和所选择的机型以及 I/O 接线图，设计系统的控制程序，一般采用梯形图语言。设计控制程序就是设计应用软件，这对于保证整个系统安全可靠地运行至关重要，必须经过反复调试，使之满足控制要求。

（6）设计操作台、电气柜及非标准电气元部件。在进行设备选型时，应尽量选用标准设备。如无标准设备可选，还可能需要设计操作台、控制柜、模拟显示屏等非标准设备。设计时要了解并遵循用户认知心理学，重视人机界面的设计，增强用户体验。

（7）编写设计说明书和使用说明书。

4. PLC 控制系统设计的主要步骤

PLC 控制系统设计与调试的主要步骤，如图 11 - 62 所示。

（1）熟悉被控对象，制定控制方案

在进行系统设计之前，要深入控制现场，全面详细地了解被控对象的机械工作性能、基本结构特点，深入了解和分析被控对象的工艺条件和控制要求。

① 被控对象就是受控的机械、电气设备、生产线或生产过程。

② 控制要求主要指控制的基本方式、应完成的动作、自动工作循环的组成、必要的联锁保护等。对较复杂的控制系统，还可将控制任务分成几个独立部分，这样可化繁为简，有利于编程和调试。

③ 在了解和分析被控对象的工艺条件和控制要求的基础上，画出系统的功能图、生产工艺流程图，从而对整个控制系统硬件设计形成一个初步的方案。

④ 在分析被控对象的基础上，根据 PLC 的技术特点，与继电器-接触器控制系统、DCS 系统、微机控制系统进行比较，优选控制方案。

（2）确定用户 I/O 设备。根据被控对象对 PLC 控制系统的功能要求，确定系统所需的用户输入、输出设备。常用的输入设备有按钮、选择开关、行程开关、传感器等，常用的输出设备有继电器、接触器、指示灯、电磁阀等。

（3）选择合适的 PLC 类型与配置。根据已确定的用户 I/O 设备，统计所需的输入信号和输出信号的点数，选择合适的 PLC 类型，包括机型的选择、容量的选择、I/O 模块的选择、电源模块的选择等。

（4）进行 I/O 点分配。分配 PLC 的输入输出点，编制出输入输出 I/O 分配表，并画出 I/O 硬件接线图。接着就可以进行 PLC 程序设计，同时可进行控制柜或操作台的设计和现场施工。

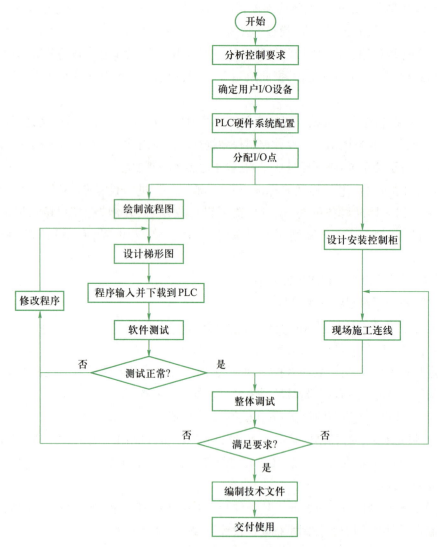

图 11-62　PLC 控制系统设计与调试的主要步骤

（5）设计应用系统梯形图。根据工作功能图表或状态流程图等设计出梯形图。这一步是整个应用系统设计的最核心工作，也是比较困难的一步，要设计好梯形图，首先要熟悉控制要求，同时还要有一定的电气设计的实践经验。

（6）将程序输入并下载到 PLC。当使用简易编程器将程序输入 PLC 时，需要先将梯形图转换成指令表，以便输入。当使用 PLC 的辅助编程软件在计算机上编程时，可通过上下位机的连接电缆将程序下载到 PLC。

（7）进行软件测试。程序下载到 PLC 后，应先进行测试工作。因为在程序设计过程中，难免会有疏漏的地方。因此，在将 PLC 连接现场设备之前，必需进行软件测试，以排除程序中的错误，同时也为整体调试打好基础，缩短整体调试的周期。

（8）应用系统整体调试。在 PLC 软硬件设计和控制柜及现场施工完成后，就可以进行整个系统的联机调试。如果控制系统是由几个部分组成，则应先作局部调试，然后再进行整体调试；如果控制程序的步序较多，则可先进行分段调试，然后再连接起来总调。调试中发现的问题，要逐一排除，直至调试成功。

（9）编制技术文件。系统技术文件包括说明书、电气原理图、电气设备布置图、电气元件明细表、PLC 梯形图。

一、巩固自测

1. 小组讨论并设计一个有 5 站的 N∶N 通信系统，控制要求与用三台 PLC 构建 N∶N 网络实例中 3 站的 N∶N 通信系统类似。

2. 利用触摸屏作为人机界面，发出控制命令控制电动机正反转，要求如下：按触摸屏上的"正转启动"按钮，电动机正转运行；按"反转启动"按钮，电机反转运行；正转、反转运行或停止均有文字显示；具有电动机的运行时间设置和运行时间显示功能；运行时间到或按"停止"按钮，电动机即停止运行。

（1）确定触摸屏、PLC 软元件分配表；

（2）绘制系统接线图；

（3）根据系统的控制要求及触摸屏的软元件分配，制作如图 11-63 所示的触摸屏画面。

图 11-63　触摸屏画面

3. 为第 2 题中的电动机正反转控制触摸屏界面，分配 PLC 的 I/O 点，编写对应的 PLC 程序，并按如图 11-64 所示接线。

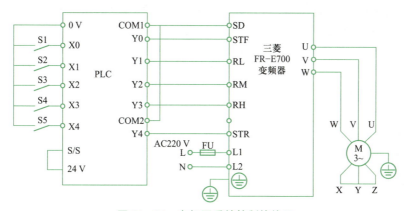

图 11-64　电机正反转控制接线图

4. 熟悉变频器面板，为第 2 题中的电动机正反转控制触摸屏界面设计对应的变频器参数功能表，并动手设置其参数。

二、拓展任务

1. 对 YL-335B 型自动生产线实训考核装备 5 个工作单元对应的 PLC 建立 N∶N 通信网络，触摸屏与主站连接实现触摸屏对各站的控制。

2. 基于 PLC 数字量方式多段速控制。设置变频器输出的额定频率、加减速时间，通过 PLC 控制变频器外部端子，实现电动机多段速度自动定时运行。

3. 设计一个用 PLC、触摸屏监控的数码管循环显示的系统，按下启动按钮，循环显示数字 0 到 9，按下停止按钮，停止显示并返回初始界面。注意：触摸屏编程时，PLC 输入软元件应该用中间继电器 M，与外部端子编程时 PLC 输入软元件 X 错开，这样可以同时用触摸屏和外部开关控制整个系统。（要求选用昆仑通态触摸屏进行设计。）

4. 为生产线分拣单元设计一个触摸屏测试界面，可以通过按钮来控制推杆动作，通过触摸屏输入传送带传输速率，可以通过输入数值的变化来改变速度。触摸屏参考界面如图 11-65 所示，编写 PLC 程序，并设置变频器参数。（要求选用昆仑通态触摸屏及组态软件进行设计。）

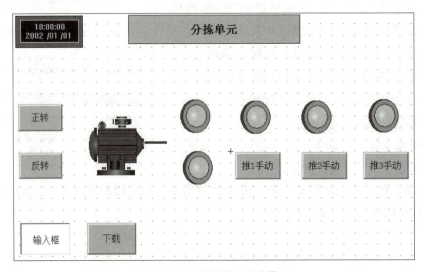

图 11-65 分拣单元测试界面

5. 查阅资料，设计出平面口罩机生产线控制系统方案。

口罩机生产
工序简介

附录 FX3U、FX2N 系列 PLC 应用指令简表

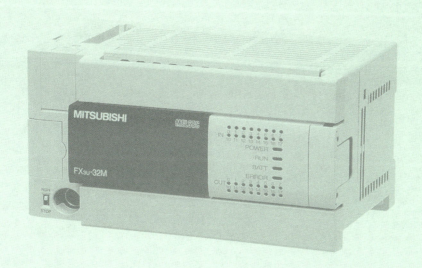

分类	功能编号	指令符号	32 位指令	脉冲指令	功　　能	FX2N	FX3U
程序流程	00	CJ		√	条件跳转	√	√
	01	CALL		√	子程序调用	√	√
	02	SRET			子程序返回	√	√
	03	IRET			中断返回	√	√
	04	EI			允许中断	√	√
	05	DI			禁止中断	√	√
	06	FEND			主程序结束	√	√
	07	WDT		√	监控定时器	√	√
	08	FOR			循环范围开始	√	√
	09	NEXT			循环范围结束	√	√
数据传送比较	10	CMP	√	√	比较	√	√
	11	ZCP	√	√	区间比较	√	√
	12	MOV	√	√	传送	√	√
	13	SMOV		√	BCD 码移位传送	√	√
	14	CML	√	√	反相传送	√	√
	15	BMOV		√	块传送(n 点→n 点)	√	√
	16	FMOV	√	√	多点传送(1 点→n 点)	√	√
	17	XCH	√	√	数据交换,(D1)↔(D2)	√	√
	18	BCD	√	√	BCD 转换,BIN→BCD	√	√
	19	BIN	√	√	BIN 转换,BCD→BIN	√	√
算术和逻辑运算	20	ADD	√	√	BIN 加法运算		√
	21	SUB	√	√	BIN 减法运算	√	√
	22	MUL	√	√	BIN 乘法运算	√	√
	23	DIV	√	√	BIN 除法运算	√	√
	24	INC	√	√	BIN 加 1	√	√
	25	DEC	√	√	BIN 减 1	√	√
	26	WAND	√	√	逻辑与	√	√
	27	WOR	√	√	逻辑或	√	√
	28	WXOR	√	√	逻辑异或	√	√
	29	NEG	√	√	求二进制补码	√	√

分类	功能编号	指令符号	32 位指令	脉冲指令	功　　能	FX2N	FX3U
循环与移位	30	ROR	√	√	循环右移 n 位	√	√
	31	ROL	√	√	循环左移 n 位	√	√
	32	RCR	√	√	带进位循环右移 n 位	√	√
	33	RCL	√	√	带进位循环左移 n 位	√	√
	34	SFTR		√	位右移	√	√
	35	SFTL		√	位左移	√	√
	36	WSFL		√	字右移	√	√
	37	WSFL		√	字左移	√	√
	38	SFWR		√	移位写入(先入先出控制用)	√	√
	39	SFRD		√	移位读出(先入先出控制用)	√	√
数据处理	40	ZRST		√	区间复位	√	√
	41	DECO		√	译码	√	√
	42	ENCO		√	编码	√	√
	43	SUM	√	√	ON 位数	√	√
	44	BON	√	√	ON 位判别	√	√
	45	MEAN	√	√	平均值	√	√
	46	ANS			信号报警器置位	√	√
	47	ANR		√	信号报警器复位	√	√
	48	SQR	√	√	BIN 开平方运算	√	√
	49	FLT	√	√	BIN 整数→二进制浮点数转换	√	√
高速处理	50	REF		√	输入/输出刷新	√	√
	51	REFF		√	输入刷新与滤波器调整	√	√
	52	MTR			矩阵输入	√	√
	53	HSCS	√		高速计数器比较置位	√	√
	54	HSCR	√		高速计数器比较复位	√	√
	55	HSZ	√		高速计数器区间比较	√	√
	56	SPD	√		脉冲密度	√	√
	57	PLSY	√		脉冲输出	√	√
	58	PWM			脉冲宽度调制	√	√
	59	PLSR	√		带加减速的脉冲输出	√	√

续 表

分类	功能编号	指令符号	32位指令	脉冲指令	功　　能	FX2N	FX3U
方便指令	60	IST			初始化状态	√	√
	61	SER	√	√	数据搜索	√	√
	62	ABSD	√		凸轮顺控绝对方式	√	√
	63	INCD			凸轮顺控相对方式	√	√
	64	TTMR			示教定时器	√	√
	65	STMR			特殊定时器	√	√
	66	ALT		√	交替输出	√	√
	67	RAMP			斜坡信号	√	√
	68	ROTC			旋转工作台控制	√	√
	69	SORT			数据排序	√	√
外部 I/O 设备	70	TKY	√		10 键输入	√	√
	71	HKY	√		16 键输入	√	√
	72	DSW			数字开关	√	√
	73	SEGD		√	七段码译码	√	√
	74	SEGL			七段码分时显示	√	√
	75	ARWS			箭头开关	√	√
	76	ASC			ASCII 码转换	√	√
	77	PR			ASCII 打印	√	√
	78	FROM	√	√	从特殊功能模块读出	√	√
	79	TO	√	√	向特殊功能模块写入	√	√
外部设备 SER	80	RS			串行数据传送	√	√
	81	PRUN	√	√	八进制位传送	√	√
	82	ASCI		√	HEX→ASCII 码转换	√	√
	83	HEX		√	ASCII 码→HEX 转换	√	√
	84	CCD		√	校验码	√	√
	85	VRRD		√	电位器值读出	√	
	86	VRSC		√	电位器刻度	√	
	87	RS2			串行数据传送 2		√
	88	PID			PID 回路运算	√	√

续　表

分类	功能编号	指令符号	32位指令	脉冲指令	功　　能	FX2N	FX3U
*1	102	ZPUSH		√	变址寄存器的批量保存		√
	103	ZPOP		√	变址寄存器的恢复		√
浮点数运算	110	ECMP	√	√	二进制浮点数比较	√	√
	111	EZCP	√	√	二进制浮点数区间比较	√	√
	112	EMOV	√	√	二进制浮点数数据传送		√
	116	ESTR	√	√	二进制浮点数→字符串转换		√
	117	EVAL	√	√	字符串→二进制浮点数转换		√
	118	EBCD	√	√	二进制浮点数→十进制浮点数转换	√	√
	119	EBIN	√	√	十进制浮点数→二进制浮点数转换		√
	120	EADD	√	√	二进制浮点数加法运算	√	√
	121	ESUB	√	√	二进制浮点数减法运算	√	√
	122	EMUL	√	√	二进制浮点数乘法运算	√	√
	123	EDIV	√	√	二进制浮点数除法运算	√	√
	124	EXP	√	√	二进制浮点数指数运算		√
	125	LOGE	√	√	二进制浮点数自然对数运算		√
	126	LOG10	√	√	二进制浮点数常用对数运算		√
	127	ESQR	√	√	二进制浮点数开平方	√	√
	128	ENEG	√	√	二进制浮点数符号翻转		√
	129	INT	√	√	二进制浮点数→BIN 整数转换	√	√
	130	SIN	√	√	二进制浮点数正弦运算	√	√
	131	COS	√	√	二进制浮点数余弦运算	√	√
	132	TAN	√	√	二进制浮点数正切运算	√	√
	133	ASIN	√	√	二进制浮点数反正弦运算		√
	134	ACOS	√	√	二进制浮点数反余弦运算		√
	135	ATAN	√	√	二进制浮点数反正切运算		√
	136	RAD	√	√	二进制浮点数角度→弧度转换		√
	137	DEG	√	√	二进制浮点数弧度→角度转换		√
数据处理2	140	WSUM	√	√	计算数据的累加值		√
	141	WTOB		√	字节单位数据分离		√
	142	BTOW		√	字节单位数据接合		√

分类	功能编号	指令符号	32 位指令	脉冲指令	功　　能	FX2N	FX3U
数据处理2	143	UNI		√	16 位数据的 4 位结合		√
	144	DIS		√	16 位数据的 4 位分离		√
	147	SWAP	√	√	高低字节互换	√	√
	149	SORT2	√		数据排序 2		√
位置控制	150	DSZR			带 DOG 搜索的原点回归		√
	151	DVIT	√		中断定位		√
	152	TBL	√		通过表格设定方式进行定位		□
	155	ABS	√		读取当前绝对位置数据	◎	√
	156	ZRN	√		原点回归		√
	157	PLSV	√		可变速脉冲输出		√
	158	DRVI	√		相对位置控制		√
	159	DRVA	√		绝对置位控制		√
时钟运算	160	TCMP		√	时钟数据比较	√	√
	161	TZCP		√	时钟数据区间比较	√	√
	162	TADD		√	时钟数据加法运算	√	√
	163	TSUB		√	时钟数据减法运算	√	√
	164	HTOS	√	√	时、分、秒数据转换为秒		√
	165	STOH	√	√	秒数据转换为"时、分、秒"		√
	166	TRD		√	时钟数据读出	√	√
	167	TWR		√	时钟数据写入	√	√
	169	HOUR	√		计时表	◎	√
浮点数运算	170	GRY	√	√	格雷码转换	√	√
	171	GBIN	√	√	格雷码逆转换	√	√
	176	RD3A		√	读 FX0N‐3A 模拟量模块	◎	√
	177	WR3A		√	写 FX0N‐3A 模拟量模块	◎	√
＊2	180	EXTR			扩展 ROM 功能（仅用于 FX2N／FX2NC）	◎	
其他指令	182	COMRD		√	读取软元件的注释数据		√
	184	RND		√	生成随机数		√
	186	DUTY		√	生成定时脉冲		√
	188	CRC		√	CRC 运算		√
	189	HCMOV	√		高速计数器传送		√

续　表

分类	功能编号	指令符号	32位指令	脉冲指令	功　　能	FX2N	FX3U
模块数据处理	192	BK+	√	√	数据块加法运算		√
	193	BK−	√	√	数据块减法运算		√
	194	BKCMP=	√	√	数据块比较(S1)=(S2)		√
	195	BKCMP>	√	√	数据块比较(S1)>(S2)		√
	196	BKCMP<	√	√	数据块比较(S1)<(S2)		√
	197	BKCMP<>	√	√	数据块比较(S1)≠(S2)		√
	198	BKCMP<=	√	√	数据块比较(S1)≤(S2)		√
	199	BKCMP>=	√	√	数据块比较(S1)≥(S2)		√
字符串控制	200	STR	√	√	BIN→字符串转换		√
	201	VAL	√	√	字符串→BIN 转换		√
	202	$+		√	字符串的组合		√
	203	LEN		√	检测字符串的长度		√
	204	RIGHT		√	从字符串的右侧取出		√
	205	LEFT		√	从字符串的左侧取出		√
	206	MIDR		√	从字符串中任意取出		√
	207	MIDW		√	从字符串中任意替换		√
	208	INSTR		√	字符串检索		√
	209	$MOV		√	字符串传送		√
数据处理3	210	FDEL		√	在数据表中删除数据		√
	211	FINS		√	向数据表中插入数据		√
	212	POP		√	读取后入的数据(先入后出控制用)		√
	213	SFR		√	16 位数据右移 n 位(带进位)		√
	214	SFL		√	16 位数据左移 n 位(带进位)		√
触点比较	224	LD=	√		(S1)=(S2)时运算开始的触点接通	√	√
	225	LD>	√		(S1)>(S2)时运算开始的触点接通	√	√
	226	LD<	√		(S1)<(S2)时运算开始的触点接通	√	√
	228	LD<>	√		(S1)≠(S2)时运算开始的触点接通	√	√
	229	LD<=	√		(S1)≤(S2)时运算开始的触点接通	√	√
	230	LD>=	√		(S1)≥(S2)时运算开始的触点接通	√	√
	232	AND=	√		(S1)=(S2)时串联触点接通	√	√

分类	功能编号	指令符号	32 位指令	脉冲指令	功　　能	FX2N	FX3U
触点比较	233	AND>	√		(S1)>(S2)时串联触点接通	√	√
	234	AND<	√		(S1)<(S2)时串联触点接通	√	√
	236	AND<>	√		(S1)≠(S2)时串联触点接通	√	√
	237	AND<=	√		(S1)≤(S2)时串联触点接通	√	√
	238	AND>=	√		(S1)≥(S2)时串联触点接通	√	√
	240	OR=	√		(S1)=(S2)时并联触点接通	√	√
	241	OR>	√		(S1)>(S2)时并联触点接通	√	√
	242	OR<	√		(S1)<(S2)时并联触点接通	√	√
	244	OR<>	√		(S1)≠(S2)时并联触点接通	√	√
	245	OR<=	√		(S1)≤(S2)时并联触点接通	√	√
	246	OR>=	√		(S1)≥(S2)时并联触点接通	√	√
数据表处理	256	LIMIT	√	√	上下限限位控制		√
	257	BAND	√	√	死区控制		√
	258	ZONE	√	√	区域控制		√
	259	SCL	√	√	定坐标(不同点坐标数据)		√
	260	DABIN	√	√	十进制 ASCII→BIN 转换		√
	261	BINDA	√	√	BIN→十进制 ASCII 转换		√
	269	SCL2	√	√	定坐标 2(X/Y 坐标数据)		√
变频器通信	270	IVCK			变频器运行监视		√
	271	IVDR			变频器运行控制		√
	272	IVRD			读取变频器参数		√
	273	IVWR			写入变频器参数		√
	274	IVBWR			批量写入变频器参数		√
*3	278	RBFM			BFM 分割读取		√
	279	WBFM			BFM 分割写入		√

分类	功能编号	指令符号	32位指令	脉冲指令	功 能	FX2N	FX3U
*4	280	HSCT	√		高速计数器表格比较		√
扩展文件寄存器	290	LOADR			读出扩展文件寄存器		√
	291	SAVER			扩展文件寄存器的批量写入		√
	292	INITR		√	文件寄存器及扩展文件寄存器的初始化		√
	293	LOGR		√	写入文件寄存器及扩展文件寄存器		√
	294	RWER		√	扩展文件寄存器的重新写入		√
	295	INITER		√	扩展文件寄存器的初始化		√

注：＊1—数据传送2，＊2—扩展功能，＊3—数据传送3，＊4—高速处理2。

◎—3.0以上版本支持。

□—FX3UC-32MT-LT从V2.20开始支持。